식량의 미래

한림SA 11

SCIENTIFIC AMERICAN™

배고프지 않은 세상

식량의 미래

사이언티픽 아메리칸 편집부 엮음
김진용 옮김

Can We Feed The World?

The Future of Food

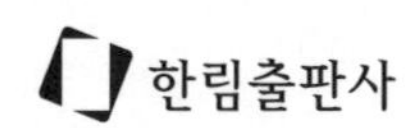

들어가며

식량의 미래

식량의 미래에 관해서 우리에게 어울리는 일, 즉 과학적 시각에서 우리는 이 문제를 다루어보았다. 2050년에는 세계 인구가 20억 더 늘어나리라 예상되는 가운데 진짜 식량 위기가 닥칠 것으로 보인다. 우리 식량은 충분하며 그중 많은 양이 낭비되는지, 아니면 급증하는 인구를 먹여 살릴 만큼 충분한 식량을 생산하지는 못하는지, 또는 생산량 증가와 생산 방법이 인간과 환경 모두에게 유해한지 여부에 관해서는 논쟁이 분분하다. 그래도 문제는 남는다. 빠르게 증가하는 인구에게 어떻게 식량을 공급할 수 있을지에 관해서는 확신이 있어야 한다는 점이다.

이 책 《식량의 미래》에서는 다가오는 "식량 위기"에 관련된 몇 가지 복잡한 원인 요소, 그리고 지속 가능한 방법으로 식량 생산을 늘리기 위해 계획된 혁신적 아이디어와 기술들을 알아보려 한다. 또한 생산(그리고 물론 수익)을 늘리기 위한 현재 식량 산업의 방법 및 그를 둘러싼 논란들도 조사해볼 것이다. 여기에는 유전자 변형 및 가공식품과 같은 민감한 문제뿐만 아니라 식품 안전 그리고 현대식 식사가 신체에 미치는 영향도 포함된다.

첫 장 "식량 위기 : 세계적 식량 부족 및 지속 가능한 해법"은 조너선 폴리의 "거대한 도전 : 충분히 먹으면서 지구를 유지할 수 있을까?"라는 도전적 기사로 시작한다. 나아가 다가오는 위기를 거시적으로 바라보고, 2050년대까지 세계 식량 생산을 두 배로 늘릴 뿐만 아니라 온실가스 배출을 줄이고 환경 훼손을 억제할 수 있는 다섯 가지 해법을 제시한다. 이어서 바이오연료를 위한 옥수수 생산 증가의 영향 및 식량 생산을 늘릴 수 있는 미래 기술과 같은 구체적 요인들을 더 자세하게 들여다본다. 이 해법들은 더 지속 가능한 해안 어류 양식 그리고 딕슨 데포미에가 "수직농장의 등장"에서 제안하고 상세히 설명한 "수직농업" 개념에까지 이른다.

2장에서는 GM(genetically modified), 즉 유전자 변형 작물을 다룬다. 매우 논란이 많은 GM 식품은 민감한 부분을 아주 많이 건드린다. GM 식품에 대한 많은 연구가 소비자의 건강에는 위험하지 않음을 제시하는 한편, GM 작물이 세계 여러 지역에서 농업 생산을 현저히 늘리고 농약 사용을 감소시켰음에도 불구하고 많은 사람이 여전히 회의적이다. 이 문제를 위해서 사샤 네메체크의 "GM 식품의 장단점"을 실었다. 대니얼 크레시는 《네이처(Nature)》에 실린 글에서 GM 작물의 미래를 다루는데, GM 작물의 상당수는 다른 종의 유전자를 이식하지 않고 단순히 기존 게놈을 수정해서 곧 만들어질 것이다.

3장 "더 그럴듯한 가공식품"에서는 가공식품 업계를 철저히 조사한다. 몇몇 기사를 통해 패스트푸드와 액상과당을 자세히 알아본다. 여전히 부족하다고 느낀다면 그다음을 읽어보자. 4장 "안전한 식품"에서 식품 안전 문제를 다룬다. 여기에는 오염 모니터링 자료 및 식중독 방지가 포함되는데, 식중독이라는 단순한 사례가 평생의 건강에 영향을 미칠 수 있음을 다루는 저널리스트 메린 맥케나의 주목할 만한 기사 "식중독의 숨은 유산"을 읽고 나면 새삼 식중독 방지의 중요성을 느끼게 된다.

마지막 장 "현대식 식사의 발달"에서는 오늘날 식사 방법의 역사와 영향을 알아보는 것으로서 책을 마무리한다. 이 장은 윌리엄 레너드의 글을 비롯해 식품 조리의 직접적 결과로서 인간의 큰 뇌가 어떻게 진화했는지에 관한 리처드 랭엄의 질문과 답변을 담고 있다. 마지막 이야기는 하나의 해법을 제시한다. "저탄소 식사"는 쉽게 응용할 수 있을 뿐만 아니라, 세계 기후변화 과정을 크게 바꿀 수도 있다.

GM 작물에서부터 새로운 농업 및 어업 기술에 이르기까지 앞으로 나타날 수 있는 모든 가능성을 감안하면 식량 위기는 어렵지 않게 해결될지도 모른다. 그렇지 않고 나쁜 경우라면 세계의 굶주림은 불가피할 것이다. 하지만 어느 쪽도 아니다. 육류를 덜 먹거나 식량을 덜 낭비하거나, 전 세계를 먹여 살리는 일은 근본적으로 우리 각자에게 달려 있다.

– 지닌 스완슨(Jeanene Swanson), 편집자

CONTENTS

1

식량 위기 : 세계적 식량 부족 및 지속 가능한 해법

1-1 거대한 도전 : 충분히 먹으면서 지구를 유지할 수 있을까?

조너선 폴리

현재 10억 명 가까운 사람들이 만성적인 기아로 고통받고 있다. 세계의 농업은 크게 성장해서 그들을 먹이기에 충분한 식량을 생산할 수 있다. 하지만 적절히 분배되지 않는 데다가, 설령 분배가 이루어져도 가격이 급등하여 식량을 살 수 없는 사람이 많다.

또 다른 난관도 다가오고 있다.

몇몇 연구에 따르면 2050년까지 세계 인구가 20억이나 30억 명 더 늘어날 것이라는데, 그러면 식량 수요가 두 배에 이르리라 보인다. 더 많은 사람이 더 높은 수입을 얻을 것이고 이는 더 많이 먹는다는 뜻이므로 그로 인해 수요가 늘 터인데, 특히 육류가 그렇다. 바이오연료를 위한 경작지 사용이 증가하면 농장의 수요가 추가로 늘어날 것이다. 따라서 힘든 일이기는 하나 우리가 현재의 빈곤 및 식량 입수 문제를 해결한다고 하더라도, 전 세계에 식량이 적절히 공급되도록 보장하기 위해서는 생산을 최대 두 배로 늘려야 한다.

이뿐만이 아니다.

인류가 열대우림을 개간하고, 불모지에서 경작을 하고, 민감한 지형과 유역에서 산업화 농업을 더 많이 하면서 농업이 지구에서 지배적인 환경 위협 요소가 되었다. 농업은 이미 지구 표면의 높은 비율을 차지하며 서식지를 파괴하고, 담수(淡水)를 소모하며, 강과 바다를 오염시키고, 다른 인간 활동에 비해서 온실가스를 더 널리 배출한다. 우리는 세계의 장기적인 안녕을 위해서 농업의 부정적 영향을 크게 줄여야 한다.

세계의 식량 시스템은 서로 연관된 세 가지 엄청난 난관에 직면해 있다. 현재 지구에 사는 70억 인구 모두가 적절히 먹을 수 있도록 보장하고, 앞으로 40년 동안 식량 생산을 두 배로 늘려야 하며, 두 목표를 달성하면서도 정말로 환경적으로 지속 가능할 수 있어야 한다.

이 목표들을 동시에 충족할 수 있을까? 필자가 조직한 국제 전문가 팀이 이를 위한 다섯 단계를 정했는데, 이 단계를 잘 따른다면 세계에서 인간이 소비할 수 있는 식량을 100퍼센트 이상 늘리면서 온실가스 배출, 생물다양성 감소, 물 소비와 수질오염 등을 크게 줄일 수 있다. 앞의 세 난관에 대처하는 일은 인류가 직면해온 바 가장 중요한 시험 중 하나가 될 것이다. 우리 대응이 우리 문명의 운명을 결정한다고 보아야 마땅하다.

장벽과의 조우

언뜻 보면 더 많은 사람을 먹일 수 있는 방법은 분명해 보인다. 농지를 늘리고 수확률, 즉 단위면적당 수확하는 작물의 양을 늘려 더 많은 식량을 키우는 것이다. 하지만 불행하게도 세계는 두 변수 모두에서 큰 장벽을 마주했다.

우리 사회는 이미 그린란드 또는 남극대륙을 제외한 지구 표면의 약 38퍼센트에서 농사를 짓는다. 농업은 현재 지구에서 인간이 땅을 가장 많이 사용하는 활동이며, 다른 활동들은 그 근처에도 미치지 못한다. 그리고 그 38퍼센트의 대부분이 최고의 농지들이다. 나머지의 상당수는 사막, 산악, 툰드라, 빙하, 도시, 공원, 기타 농산물 재배에 부적합한 지역이다. 남은 일부 경계 지역은 주로 열대우림과 사바나로서, 이 지역은 세계의 안정에 필수적이고 특히 탄소 및 생물다양성의 창고 역할로서 그렇다. 이 지역까지 농지를 넓힌다는 생각은 적절하지 않다. 하지만 지난 20년 동안 연간 500만~1000만 헥타르(10만 제곱킬로미터)의 경작지가 생겼는데 그중 상당한 부분이 열대우림 지역이다. 그렇지만 이 추가분에도 불구하고 경작지 순면적은 불과 3퍼센트만 증가했다. 그 이유는 도시 개발 및 그 밖의 영향, 특히 온대지역 감소로 인해 농지가 줄었기 때문이다.

수확률 증가도 유혹적으로 들린다. 하지만 우리 연구팀은 세계의 평균 작물 수확률이 지난 20년간 20퍼센트 정도 증가했음을 발견했는데, 이는 통상 보고된 것보다 훨씬 적은 수치이다. 물론 의미 있는 진전이지만, 이 정도의 증가율로는 2050년경까지 식량 생산을 두 배로 늘리기엔 턱없이 부족하다. 어떤 작물의 수확률은 상당히 증가한 반면 다른 작물들은 증가가 거의 없었고 몇 가지는 심지어 줄기도 했다.

만일 우리가 키우는 식량을 모두 사람이 소비한다면 더 많은 사람들을 먹이기란 어렵지 않을 것이다. 하지만 전 세계 작물의 60퍼센트만을 사람이 소비한다. 그 대부분은 곡물이고, 그 다음이 두류(콩, 렌틸콩), 식물성유지, 채소, 과일 순이다. 다른 35퍼센트는 동물 사료로 쓰이며, 마지막 5퍼센트는 바이오연료 및 기타 공업생산물이 된다. 이 가운데 육류가 가장 큰 문제이다. 가장 효율적인 축산 시스템이라도, 작물을 동물에게 먹이면 세계의 식량 공급 잠재력이 줄어든다. 통상 곡물 사료로 소를 키우면 뼈를 제외하고 먹을 수 있는 소고기 1킬로그램을 만들기 위해서 곡물 30킬로그램이 들어간다. 닭고기와 돼지고기는 더 효율적이며, 풀 사료 소고기를 소비하면 비식용 원료를 단백질로 바꿔서 소비하는 셈이다. 곡물 사료를 이용하는 육류 생산 시스템은 세계의 식량 공급량을 소모한다.

식량을 더 많이 재배하지 못하게끔 제한하는 또 다른 요인은 환경 훼손으로서, 이 문제는 이미 광범위하게 퍼진 문제이다. 기후 및 해양 산성화에 미치는 근본적인 영향을 포함하면 에너지 이용이 환경에 미치는 영향만이 농업이 환경에 미치는 영향의 전체 규모에 필적한다. 우리 연구팀은 농업으로 인해 이미 세계 선사시대 초원 지역의 70퍼센트, 사바나의 50퍼센트, 온대 낙엽수림의 45퍼센트, 열대우림의 25퍼센트가 개간되거나 완전히 변했다고 추산한다. 마지막 빙하기 이후로 이보다 생태계를 더 많이 붕괴시킨 것은 없었다. 농업이 차지하는 물리적 공간은 세계의 포장된 지면과 건물의 거의 60배에 이른다.

담수도 또 다른 피해의 대상이다. 인간은 한 해 4,000세제곱킬로미터라는 믿기 어려울 정도로 많은 물을 사용하는데, 이 대부분을 강과 대수층(帶水層)에서* 끌어 쓴다. 관개는 담수 유출의 70퍼센트를 차지한다. 쓰인 후에 유역으로 되돌아가지 않는 소비 수량만을 계산한다면 관개는 총 담수 유출의 80~90퍼센트로 그 비

*지하수를 머금은 지층.

율이 올라간다. 그 결과 콜로라도 강과 같은 큰 강의 유량이 줄었고, 일부는 완전히 말랐으며, 미국과 인도를 포함한 많은 지역에서 지하수면이 빠르게 낮아지고 있다.

물은 사라지고 있을 뿐만 아니라 오염되고 있기도 하다. 비료, 제초제, 살충제가 엄청나게 확산되었고 거의 모든 생태계에서 발견된다. 환경을 통한 질소와 인의 흐름은 1960년대 이후 두 배가 넘었고, 이 때문에 광범위한 수질오염 및 세계의 여러 주요 강어귀에 거대한 저산소 '데드 존(Dead Zone)'이* 생기고 있다. 역설적이게도, 더 많은 식량을 키운다는 이름 아래 농지에서 유출되는 비료 때문에 또 다른 중요한 영양원인 연안 어장이 피해를 입는다. 비료는 분명히 세계 인구를 먹여 살리는 데 도움이 된 녹색혁명의 핵심 요소였지만, 사용하는 비료의 거의 절반이 작물에 영양분이 되지 않고 유출되는 상황이라면 분명히 이를 개선할 수 있을 것이다.

*강에서 흘러나온 오염물질이 물속에 쌓여 생물이 살지 못하는 영역.

또한 농업은 사회에서 가장 큰 단일 온실가스 배출원이기도 하다. 농업으로 나오는 온실가스를 모두 합치면 우리가 배출하는 이산화탄소, 메탄, 아산화질소의 거의 35퍼센트를 차지한다. 이는 모든 차량, 트럭, 비행기를 포함한 전 세계 운송 수단이나 전기 생산 분야에서 나오는 배출보다 더 높은 비중이다. 식량을 재배, 가공, 운송하는 데 쓰이는 에너지도 하나의 요인이지만, 온실가스 배출은 대부분이 열대 산림 파괴, 동물과 논에서 나오는 메탄, 비료가 과잉된 토양에서 나오는 아산화질소로 인한 것이다.

생산량은 늘리고 피해는 줄이기

지구에 피해를 주지 않으면서 세계가 충분히 먹으려면 농업은 더 많은 식량을 생산해서(파란색) 이를 더 잘 분배할 방법을 찾아야 하며(붉은색), 그와 동시에 농업이 대기, 서식지, 수자원에 미치는 피해를 크게줄여야 한다(노란색).

식량 생산

2050년까지 세계 인구는 20억 내지 30억 명이 더 늘어날 것이고, 더 많은 비율의 사람들이 더 높은 수입을 얻을 것이므로 1인당 식품 소비가 더 늘어날 것이다. 농부들은 지금에 비해 최대 두 배 더 많이 식량을 생산해야 한다.

현재 상황

현재 상황

현재 상황

목표

목표

목표

식량 이용

지구의 70억 인구 중 10억 명 이상이 만성적인 기아에 시달리고 있다. 모두에게 적절한 칼로리를 제공하기 위해서는 가난 및 식량의 부적절한 분배 문제를 극복해야 한다.

환경 피해

환경 피해를 줄이기 위해서 열대우림으로의 농지 확장을 멈추고, 수확률이 낮은 농지의 생산성을 높이고(생산률을 50 내지 60퍼센트 높일 수 있다), 물과 비료를 더 효율적으로 이용하고, 토양 황폐화를 방지해야 한다.

1-1

다섯 가지 해법

현대 농업은 전 세계에 엄청나게 긍정적인 역할을 했지만, 농업 확대 능력의 감소 혹은 농업 확대로 인한 환경 피해의 증가를 더는 무시할 수 없는 상황이다. 식량 및 환경 문제를 해결하기 위한 기존 방식들은 적절하지 않은 경우가 많았다. 더 많은 땅을 개간하거나 더 많은 물과 화학물질을 사용해서 식량 생산을 늘릴 순 있지만, 그러기 위해서는 환경을 희생해야만 한다. 아니면 농지를 경작하지 않음으로써 생태계를 회복할 수도 있지만, 이를 위해서는 식량 생산을 줄여야만 한다. 이러한 이분법을 이제 뛰어넘어야 한다. 정말로 통합된 해결책이 필요하다.

새로 수집된 세계의 농업 및 환경 데이터 분석을 기초로 여러 달 동안 연구하고 숙고한 끝에, 우리 국제 전문가 팀은 식량 및 환경 문제에 함께 대처하기 위한 다섯 단계의 계획을 정했다.

농업 공간의 확장을 멈춘다. 우리의 첫 번째 권고는 농업을 특히 열대우림과 사바나로 확장하는 속도를 늦추고 궁극적으로는 멈추라는 것이다. 이 생태계가 파괴되면 환경에 지대한 영향을 주며, 특히 개간 지역에서 생물다양성이 사라지고 이산화탄소 배출이 늘어나면서 그러한 악영향이 생겨난다.

산림 파괴를 늦추면 환경 피해가 극적으로 줄고 세계의 식량 생산에 뒤따르는 제약은 약간에 그칠 것이다. 그로 인한 농장의 생산능력 저하는 도시화나 농경지의 황폐화 및 유기로 인해 더 생산적인 경작지가 감소하는 면적을 줄임으로써 상쇄할 수 있다.

산림 파괴를 줄이기 위한 여러 제안들이 있었다. 가장 유망한 방법 중 하나가 산림 전용 및 황폐화로부터의 탄소 배출 감축(이하 REDD) 체계이다. REDD 하에서는 부유한 나라가 열대 국가에게 탄소배출권 대신 다우림(多雨林)을 보호하는 비용을 지불한다. 다른 방법으로는 농산물 인증 표준을 개발하여 유통망에서 이 작물이 산림 파괴로 인해 생긴 땅에서 재배되지 않았음을 보증할 수 있도록 하는 조치가 포함된다. 또한 식용작물 대신 건초용 지팽이풀(switchgrass)과 같은 비식용작물에 의존하는 더 나은 바이오연료 정책을 시행하면 필수적인 농지를 새로 이용할 수 있도록 하는 것이다.

세계의 수확률 격차를 해소한다. 농업 공간을 확장하지 않고 세계 식량 생산을 두 배로 늘리기 위해서는 기존 농지의 수확률을 크게 늘려야 한다. 여기에는 두 가지 방안이 있다. 즉 개선된 작물 유전학 및 관리를 통해서 '수확률 한계'를 높임으로써 최고 농장들의 생산성을 높이거나, 세계에서 생산성이 가장 낮은 농장들의 수확률을 개선함으로써 농장의 현재 수확률 및 그보다 높은 잠재 수확률 간의 '수확률 격차'를 해소할 수 있다. 두 번째 방안이 가장 크고도 즉각적인 이익을 제공하며, 특히 기아가 가장 심한 지역에서 그렇다.

우리 연구팀은 세계의 작물 수확률 패턴을 분석했다. 특히 아프리카, 중앙아메리카, 동유럽의 여러 지역에서 수확률을 크게 높일 수 있다. 이 지역들에서는 더 좋은 종자, 더 효과적인 비료 사용, 효율적인 관개를 통해 같은 면적의 땅에서 훨씬 많은 식량을 생산할 수 있다. 우리 분석에 따르면 세계 상위 16개 작물의 수확률 격차를 해소하면 환경 피해가 거의 없이 식량 생산을 도합 50~60퍼센트까지 늘릴 수 있다.

생산성이 가장 낮은 농업 지역의 수확률 격차를 줄이기 위해서는 많은 경우 비료와 물이 어느 정도 더 필요할 수도 있다. 또한 무분별한 관개 및 화학물질 이용을 피하게끔 주의도 해야 한다. 다른 많은 기술을 이용해서 수확률을 개선할 수도 있다. '감소경운(減少耕耘)'* 파종 기술은 토양 불안정을 줄여서 황폐화를 방지하는 방법이다. 식용작물 재배 기간 사이에 지피작물(地被作物)을** 심으면 잡초를 줄이고, 이 작물을 갈아엎을 때 토양에 영양소와 질소가 추가된다. 경작지의 작물 잔류물을 방치해서 영양소로 분해되도록 하는 방법과 같은 유기농 및 생태농업 시스템도 채택할 수 있다. 세계의 수확률 격차를 해소하기 위해서는 심각한 경제적, 사회적 문제도 극복해야 하는데, 여기에는 빈곤 지역 농장에 비료 분배 및 종자 다양성을 확대하고 많은 지역에서 세계시장 접근성을 개선하는 일이 포함된다.

*발갈이를 꼭 필요한 만큼만 최소한으로 하는 방법.
**지표면을 덮어서 비료 유출이나 토양 황폐화를 방지하기 위해 심는 작물.

자원을 훨씬 더 효율적으로 사용한다. 수확률이 낮은 지역과 수확률이 높은 지역을 막론하고 농업이 환경에 미치는 영향을 줄이기 위해서는 훨씬 더 효율적인 농업을 실천해야 한다. 즉 단위 담수, 비료, 에너지 당 작물 산출량을 훨씬 더 늘려야 한다.

대체로 1칼로리 분량 식량을 키우는 데 약 1리터의 관개 담수가 필요한데, 특정 지역에서는 더 많은 물을 사용한다. 우리 분석에 따르면 특히 건조 기후대에 있는 농장에서 식량 생산을 크게 줄이지 않으면서 물 사용을 상당히 억제할 수 있었다. 이를 위한 주요한 전략에는 물을 허공에 뿌려서 낭비하지 않고 작물의 밑동에 직접 주입하는 점적관개(點滴灌漑),* 토양을 유기물로 덮어서 습기를 유지하는 멀칭(mulching), 수로와 저수지에서의 증발을 억제하여 관개 시스템에서의 물 손실을 줄이는 방법이 포함된다.

*땅에 설치한 작은 관에서 물이 조금씩 배출되면서 작물에 물을 주는 방법.

비료의 경우 특히 극단적 상황에 직면해 있다. 어느 곳에서는 영양소가 너무 부족해서 작황이 나쁜 반면, 다른 곳에서는 과잉이라 오염을 유발한다. 비료를 '딱 적당히' 사용하는 사람은 거의 없다. 우리 분석에 따르면 지구의 위기지역, 즉 중국, 인도 북부, 미국 중부, 서유럽에서는 농부들이 식량 생산에 영향을 거의 혹은 전혀 안 미치면서 비료 사용을 상당히 줄일 수 있다. 놀라운 일이지만, 세계의 경작지 중 불과 10퍼센트에서 농업의 비료 오염 중 30~40퍼센트가 발생한다.

이 과잉 비료 문제를 바로잡을 수 있는 활동에는 정책과 경제적 인센티브가 있다. 즉 유역 관리 및 보호, 과잉 비료 사용 감소, 퇴비 관리, 특히 폭풍우 때 퇴비가 유역으로 유출되지 않도록 하는 퇴비 보관 개선, 재활용을 통한 과잉 영양소 흡수, 그 밖의 보호 행위 실시에 대해 농부들에게 보상금을 지급하는 방법이다. 또한 습지를 회복하면 유출되는 영양소를 걸러내는 자연적 스펀지 역할을 하는 습지의 능력이 향상될 것이다.

감소경운을 하면 비료와 물을 필요할 때 필요한 곳에만 가장 효과적으로 사용하는 정밀농업 및 유기농업이 가능하여 토양에 영양분을 공급하는 데 도움이 될 수 있다.

육류를 멀리하도록 식습관을 바꾼다. 작물을 사람이 더 많이 직접 먹고, 가축을 살찌우기 위한 작물 소비를 덜 하면 세계에서 이용할 수 있는 식량과 환경 지속성을 크게 늘릴 수 있다.

전 세계적으로 모든 사람이 식습관을 채식으로 바꾸면 매년 최대 3000조의 칼로리를 더 얻을 수 있는데, 이는 현재의 칼로리 공급에 비해 50퍼센트가 늘어나는 것이다. 물론 현재 우리의 식습관과 작물 사용에는 많은 경제적, 사회적 이익이 있고 우리 기호가 완전히 바뀔 것 같지는 않다. 하지만 곡물 사료 소고기를 가금류 및 돼지고기로, 혹은 목초 사료 소고기로 식습관을 조금만 바꾸면 훌륭한 성과를 얻을 수 있다.

음식 낭비를 줄인다. 마지막으로, 분명하지만 자주 등한시되는 권고는 식량 시스템의 낭비를 줄이라는 것이다. 지구 식량 생산의 약 30퍼센트가 버려지고, 손실되고, 못 쓰게 되거나 해충이 소비한다.

부자 나라에서는 낭비의 대부분이 시스템의 소비자 편에서 이루어지고, 식당에서나 쓰레기통에 음식이 버려진다. 특대형 메뉴, 쓰레기통에 버려지는 음식, 테이크아웃 음식과 식당 음식의 수를 줄이는 등 단순히 일상 소비 습관만 바꾸어도 음식 손실뿐만 아니라 허리둘레가 늘어나는 위험도 상당히 줄일 수 있다. 가난한 나라에서는 식량 손실이 규모로는 비슷하지만 생산자 편에서 이루어진다. 흉작, 해충에 의한 비축량 소실, 열악한 기반 시설과 시장으로 인해 식량이 소비자에게 전달되지 못하는 상황 등이다. 창고, 냉장, 분배 시스템을 개선하면 낭비를 눈에 띄게 줄일 수 있다. 뿐만 아니라 시장 도구가 더 우수하면 작물을 가진 사람들과 그 소비자들을 더 잘 연결할 수 있다. 이를테면 아프리카의 휴대폰 시스템은 공급자, 유통업자, 구매자를 연결하는 수단이 된다.

농장부터 식탁에 걸쳐 이루어지는 낭비를 완전히 없애기란 어렵겠지만, 작은 걸음이라도 매우 유익할 것이다. 목표를 정하는 노력, 특히 육류와 유제품처럼 가장 자원 집약적인 식품의 낭비를 줄이려는 노력은 큰 차이를 만들 수 있다.

식량 시스템의 네트워크화 추진

원칙적으로 이러한 5단계 전략은 여러 가지 식품 안전 및 환경 문제에 대처할 수 있다. 이 단계들을 합하면 세계의 식량 가용성을 100~180퍼센트 늘리면서도 온실가스 배출, 생물다양성 손실, 물 사용, 수질오염을 줄일 수 있을 것이다.

이 다섯 가지 사항을 모두 함께 그리고 그 밖의 일들도 함께 추구해야 한다는 점이 그 무엇보다 중요하다. 한 가지 방법만으로는 우리 문제를 모두 해결하기에 충분치 않다. 한 가지 묘책이 아니라 묘책 모음을 생각해야 한다. 우리는 녹색혁명과 산업화 농업을 육성하는 데 엄청난 성공을 거두었고, 그와 함께 유기농업과 로컬푸드 시스템의 혁신도 이뤘다. 최선의 아이디어들을 생각해내고 이를 하나의 새로운 접근 방법으로 결합하자. 영양적, 사회적, 환경적

성과에 중점을 둔 지속 가능한 식량 시스템으로 책임 있는 식량 생산의 규모를 늘리자.

이 차세대 시스템을 이용해서 기후, 수자원, 생태계, 문화에 민감한 인근의 지역 농업 체계들을 효율적인 세계 무역 및 운송 수단으로 연결하는 네트워크를 구성할 수 있다. 그러한 시스템은 탄력적이며 농부들에게 생활임금을 제공할 수 있을 것이다.

현재 새로운 상업 건물을 지속 가능한 방법으로 건설하기 위해 마련된 에너지 및 환경적 설계 리더십(이하 LEED)에 상응하는 체계를 이용하면 이 새로운 식량 시스템을 발전시키는 데 도움이 될 것이다. LEED 프로그램에서는 태양열과 효율적 조명에서부터 재활용 건물자재 및 적은 건축폐기물에 이르는 광범위한 녹색 방안들을 결합해서 누적되는 점수를 바탕으로 점차 더 높은 수준의 인증을 받는다.

지속 가능한 농업을 위해서는 식품이 영양, 식품 안전 및 기타 공공의 이익을 얼마나 잘 제공하는지에 따라 점수를 얻고, 환경 및 사회적 비용에 따라서 점수를 잃을 것이다. 이 인증은 우리가 무엇을 먹는지에 관해 실제로 많은 것을 알려주지는 않는 현재의 '지역' 및 '유기농'과 같은 식품 라벨 이상으로 나아가는 데 도움이 될 것이다. 그러한 기존의 라벨 대신 새로운 방법으로는 영양적, 사회적, 환경적 측면에 걸쳐 우리 식품의 전체 성적을 알 수 있고 서로 다른 농업 방식의 손실과 이익을 저울질할 수 있다.

열대 지역의 지속 가능한 감귤류와 커피를 온대 지역의 지속 가능한 곡류와 연관시키고, 지역에서 자라는 녹색야채 및 뿌리채소로 이들을 보충해서 이들 모두가 투명한 수행 기반 표준 아래 재배된다고 상상해보자. 스마트폰과 최신의 지속 가능 식품 앱을 이용하면 식품이 어디서 왔는지, 누가 키웠는지, 어떻게 재배되었는지, 그리고 다양한 사회적, 영양적, 환경적 기준에서 어느 등급인지를 알 수 있을 것이다. 그리고 괜찮은 식품을 발견하면 농부 및 미식가 소셜네트워크에 이를 트윗할 수 있다.

대규모 상업적 시스템에서부터 지역 및 유기농에 이르는 우리의 새로운 농업 시스템의 원리와 실무는 세계의 식품 안전 및 환경적 요구를 해결하기 위해 노력하는 기초가 된다. 정말로 지속 가능한 방법으로 90억 인구를 먹이는 것은 우리 문명이 맞서야 했던 일들 중에서 가장 큰 도전이 될 터이다. 이를 위해서는 전 세계 수많은 사람들의 상상력, 결단력, 그리고 힘든 노력이 필요할 것이다. 낭비할 시간이 없다.

1-2 기후변화 속 식량 불안정에 대처하기

캐서린 하몬

세계에서 8억 명가량이 충분히 먹을 정도의 식량을 얻지 못하며, 반면 15억 명가량은 비만이다. 2050년까지 세계 인구가 20억 더 늘어나고 기후변화로 인해 전통적인 농업 지역이 달라지는 가운데, 과학자와 정책입안자들이 이 두 문제에 대처할 방법을 파악하기 위해 뛰고 있다.

이 불평등한 식량 상황은 정부의 규정이나 농업 실무 때문만은 아니고 여러 강력한 힘들이 작용한 탓에 생겨났다. 지속 가능한 농업 및 기후변화 위원회에서 나온 한 보고서의 저자는 "기후변화, 인구 증가 및 지속 불가능한 자원 사용 탓에 집중된 몇 가지 위협들로 인해 인류와 세계 정부들에게 식량을 생산하고, 분배하고, 소비하는 방법을 바꾸라는 압력이 꾸준히 심화되고 있다"고 썼다.

십여 국가 이상의 과학자와 전문가 들이 이 보고서를 쓰기 위해 협력했다.

위원회 의장 존 베딩턴(John Beddington)은 준비된 성명에서 "식량 불안정과 기후변화가 이미 전 세계에서 인류의 안녕과 경제성장을 방해하고 있으며, 이 문제들은 더 가속화될 태세"라고 말했다.

세계의 주된 관심사 중 하나는 점차 줄어드는 경작 가능 토지에서 생산을 늘리는 것이다. 세계의 농장들은 계속해서 매년 2.2퍼센트 정도 식량을 더 생산하지만, 증가하는 세계적 수요를 따라잡을 만한 속도라고는 결코 볼 수 없다. 그리고 많은 전문가가 지적하는 바에 따르면, 경제 또는 환경이 나빠지지 않으면서 사람들을 먹일 수 있으려면 이러한 생산 확대가 지속 가능한 방법으로 이루어져야 한다.

이러한 요구는 어려운 주문이기는 하지만 과학의 도움을 받을 수 있다. 브라질 과학기술혁신부 카를로스 노브레(Carlos Nobre)는 "과학을 발전시키고 지속 가능한 생산 증대를 실천하지 않는다면 우리의 숲과 농업경제가 위험에 처할 것"이라면서 브라질을 발전의 사례로 들었다. 노브레는 "브라질은 지난 7년간 우림을 보호하면서 빈곤을 줄이는 진전을 이루었다"고 말했다. 브라질은 불법 벌목을 감시하기 위해 위성 기술을 이용해왔고 공해 배출도 줄이려 한다.

다만 타협을 하지 않으면 진전은 없을 것이다. 호주 연방과학산업연구기구(이하 CSIRO)의 최고책임자 메건 클라크(Megan Clark)는 준비된 성명에서 "호주에서는 불가피한 타협을 처리하기 위한 통합된 역량을 만들기 위해 연구자, 농부, 데이터 관리자들이 함께 일하고 있다"고 말했다. 이들은 기후와 기상 조건의 실시간 데이터를 이용해서 미래의 변화를 더 잘 준비하기 위하여 모든 부분에서 농부들을 돕는다.

연구자들에 따르면 소규모 농장을 계속 돕는 것이 좋은 식품과 지역 경제 안정을 미래까지 보장하기 위한 열쇠라고 한다. 에티오피아 농무부 부장관 겸 자문 테카린 마모(Tekalign Mamo)는 준비된 성명에서 "그렇지 않으면 지역사회들이 생산성, 빈곤, 식량 불안정이 악화되는 상황에 취약해질 것"이라고 말했다.

농장만 변해야 하는 것은 아니다. 환경 및 건강 유지를 위해서는 지속 가능한 식사도 더 많이 요구된다. 프랑스 국립농업연구소 소장 마리옹 기유(Marion Guillou)는 준비된 성명에서 "사람과 지구에 좋은 음식을 선택하도록 장려하기 위해 우리가 지닌 도구들을 사용하기 시작하지 않는다면 점차 커지는 식사 관련 질병 부담을 감수해야만 한다"고 말했다. 예를 들면 프랑스는 가공식품에 경고 문구를 표기해왔고 과일과 채소 소비 홍보를 늘렸다.

연구자들은 기후변화와 인구 증가를 겪으면서 세계를 계속 먹이기 위해서는 큰 변화가 필요하다는 결론을 내렸다. 베딩턴 의장은 "미래에 지구가 식량을 적절히 생산하는 능력을 보존하려면 단호한 정책 활동이 필요하다"고 말했다.

한편 사람들은 이제 건강에 보다 좋은 식사를 하고 낭비를 줄임으로써 이를 도울 수 있다. 저자들은 매년 전체 식량의 3분의 1에 가까운 13억여 톤이 낭비되어 손실된다고 지적했다. 그들은 "인구가 증가하면서 세계의 식량 수요가 늘어나겠지만, 공급망의 낭비를 없애고 식량을 더 공평하게 이용하도록 보장하고 자원 효율이 더 높고 건강한 채소를 풍부하게 먹도록 식습관을 바꿈으로써 생산해야 하는 1인당 식량의 양은 줄일 수 있다"고 썼다.

1-3 바이오연료의 위험

데이비드 비엘로

《사이언스(Science)》에 실린 두 보고서에서 연구자들은 아이오와 주에서 옥수수를 에탄올로 바꾸는 일이 아마존 우림을 더 많이 개간하게 만들 뿐만 아니라 지구온난화를 늦추는 데 거의 도움이 안 되고 많은 경우 더 나쁘게 만들 것이라고 말한다.

한 연구의 주저자이며 프린스턴 대학교의 농업 전문가인 팀 서칭거(Tim Searchinger)는 "이전의 분석들에는 계산 착오가 있었다"고 말한다. "1헥타르(10,000제곱미터)의 산림이나 초지를 개간함으로써 손실하는 탄소와 바이오연료에서 얻는 이익 간의 불균형이 엄청나다."

자라는 식물은 뿌리, 싹, 잎에 탄소를 저장한다. 그 결과 세계에서 식물 및 식물이 자라는 토양은 대기 전체에 비해 최대 세 배의 탄소를 함유한다. 바이오연료에 내재된 "탄소 부채(carbon debt)"를* 조사한 다른 연구의 공저자인 미네소타 대학교의 생태학자 데이비드 틸먼(David Tilman)은 "나무를 생각하면 그 건조 중량의 절반이 탄소임을 우리는 알고 있다"고 말한다. "나무를 베면 그 속의 탄소는 결국 대기 중의 이산화탄소가 된다."

*국가별로 할당된 탄소 배출량을 초과하는 분량.

바이오연료 지지자들은 옥수수, 사탕수수, 팜유와 같은 작물을 바이오연료로 바꾸고, 그 과정에서 식물이 자라면서 흡수하는 탄소가 최종 제품인 연료가 탈 때 배출되는 이산화탄소를 상쇄하기를 바란다. 하지만 두 연구 모두 바이오연료가 휘발유에 비해 어느 정도의 이산화탄소를 배출하는지는 원료가 자란 땅이 그 전에 무엇에 쓰였는지에 따라서 달라진다는 것을 보여준다.

틸먼과 그의 동료들은 토지 사용이 달라질 때 나오는 전체 이산화탄소를 조사했다. 미국의 초원에서 옥수수를 키우면 헥타르당 134메트릭톤의 온실가스가 초과로 배출된다. 이 양은 휘발유를 옥수수 원료 에탄올로 대체해서 갚으려면 93년이 걸리는 부채에 해당한다. 그리고 정글을 야자나무 농장으로 바꾸거나 열대우림을 콩밭으로 바꾸면 탄소 부채를 갚는 데 수백 년이 걸릴 것이다. 두 번째 연구의 주저자인 국제자연보호협회의 생태학자 조지프 파르조네(Joseph Fargione)는 말한다. "토지 개간을 유발하는 모든 바이오연료는 지구온난화를 부추긴다." 또한 "토지를 개간해서 생기는 탄소 부채를 갚는 데는 수십 년에서 수백 년이 걸린다."

식용작물을 연료 제품으로 변환하면 훨씬 많은 토지를 개간하는 결과도 초래한다. 예를 들면 서칭거의 연구는, 미국의 에탄올 수요로 인해 일부 농부들이 옥수수를 더 심고 콩을 덜 심었으며, 이 때문에 콩 가격이 뛰어서 브라질 농부들이 비싼 콩을 심으려 더 많은 아마존 우림 지대를 개간하였다고 지적한다. 콩밭은 우림에 비해 탄소를 덜 함유하므로 에탄올 원료로 인한 온실가스 이익이 사라진다. 연구자들은 "옥수수 원료 에탄올 사용만으로는 온실가스 배출이 20퍼센트 줄어드는 대신 향후 30년간 온실가스 배출이 거의 두 배로 늘고 167년간 온실가스가 늘어난다"고 썼다. 서칭거는 "옥수수 에탄올로 온실가스 이익을 만들 수 있다는 결과는 얻을 수 없다"고 덧붙인다.

식량을 연료로 바꾸면 의도치 않게 식량 가격이 폭등해서 궁핍한 주민들이 곡물과 육류를 덜 이용하는 결과도 생긴다. "이는 식량 소비를 줄여서 온실가스를 줄이려고 노력하겠다고 말하는 것과 마찬가지"라고 그는 말한다. "불행하게도 그 식량 소비 중 많은 부분이 세계에서 가장 가난한 사람들 몫이다."

틸먼은 "그들의 식량을 우리의 연료로 바꾸고 있다"고 지적한다. "일반적인 SUV(sport utility vehicle) 운전자는 한 달 동안 세계에서 가장 가난한 인구 3분의 1이 식량에 소비하는 양 만큼의 연료를 소비한다."

연구들은 바이오연료의 일부 이익도 인정하는데, 매우 건조한 농지이거나 식량 생산 혹은 지나치게 많은 나무나 식물 성장 때문에 토질이 저하된 농지에 심었을 때만, 그리고 미국 중서부 대초원의 목초류와 같은 야생식물에서 추출했을 때만 그러한 이익이 생길 수 있다. 아니면 옥수숫대, 재목을 생산한 잔여 목재, 심지어 도시 쓰레기와 같이 낭비되는 자원으로 그러한 연료를 만들 수도 있다.

이렇게 만들어지는 연료는 증가하는 운송용 연료 수요의 큰 부분을 충족하지는 않을 것이다. 미네소타 대학교의 생태학자 제이슨 힐(Jason Hill)은 "오늘날 미국에서 자라는 모든 옥수수 알을 에탄올로 바꾼다 해도 휘발유 사용량의 12퍼센트만을 상쇄한다"고 지적한다. "이들 첨단 바이오연료의 실제 이익은 화석연료를 대체하는 데 있지 않고 토양에 탄소 저장소를 만드는 데 있을 것이다."

물론 바이오연료의 또 다른 존재 이유도 있다. 즉 에너지 독립이다. 재생연료협회의 업계그룹 대표인 밥 디넌(Bob Dinneen)은 한 성명에서 "바이오연료와 같은 에탄올은 에너지 안정의 어려움에 대처하기 위해서 쉽게 사용할 수 있는 유일한 수단"이라고 말했다. "그렇지 않으면 점차 대가가 커지는 화석연료를 계속 이용해서, 그 화석연료를 이용하는 환경 비용 청구서가 비싸지는 결과를 감수하는 수밖에는 없다."

바이오연료의 환경 비용 청구서는 현재 지구온난화의 큰 오염원이면서 의도치 않게 사회적 영향을 미치는 석탄액화연료와 같은 다른 저렴한 국내 연료 자원과 비슷한 수준이 되고 있다. 그 결과 10명의 유력 과학자들이 부시 대통령 및 다른 정부 지도자들에게 "지구온난화를 가속하지 않는 바이오연료를 위한 정부 인센티브를 정책을 만들라"고 촉구하는 서신을 보내기에 이른다.

서칭거는 "바이오연료를 포기해서는 안 된다"고 말한다. 하지만 "잘못된 방향으로 가서는 지구온난화를 해결할 수 없다."

1-4 〈인간 대 음식〉의* 나라에서의 낭비

데이비드 워건

*원래 제목은 〈Man vs Food〉로, 폭식을 소재로 하는 미국의 음식 리얼리티 텔레비전 프로그램.
**미국 자동차 제작사인 험머(Hummer) 사가 제작하는 SUV의 한 종류.

현대의 세계 식량 경제에 관해 생각해볼 자료가 좀 더 있다. 2011년에 유엔식량농업기구가 발표한 한 연구를 보면 지구에서 생산되는 전체 식량의 3분의 1가량이 낭비되며 그 양이 무려 연간 13억 톤에 달한다고 결론을 냈다. 바꿔 말하면, 지구는 해마다 험머 H2** 3억 대 이상의 가격에 상당하는 식량을 버린다.

더 흥미로운 점은 세계에서 식량이 어떻게 버려지는가이다.

산업화된 국가의 식량 손실은 개발도상국만큼 많지만, 개발도상국에서는 식량 손실의 40퍼센트 이상이 수확 이후와 가공 과정에서 이루어지는 반면 산업화된 국가에서는 식량 손실의 40퍼센트 이상이 소매상 및 소비자 차원에서 이루어진다. 산업화된 국가의 소비자 차원에서 낭비되는 식량 2억 2200만 톤은 사하라 사막 이남 아프리카의 총 식량 생산량인 2억 3000만 톤에 거의 맞먹는다.

필자는 이 이야기를 읽으면서 먹던 샌드위치를 떨어뜨릴 뻔했다. 하지만 이 이야기에 정말로 많은 사람이 놀랄까?

1-4

식품점에 가보면 야채, 과일, 곡물, 기타 가공식품류가 통로마다 쌓여 있는 것이 보인다. 가정으로 가지 않는 식품은 여러 이유로 버려지는데, 즉 유효 기간이 지나거나, 습기가 차거나, 때로는 그저 더는 '좋아' 보이지 않기 때문일 수 있다. 이 식품들은 큰 소각로로 보내진다. 모두 합해 연간 2700만여 톤의 식품이 식품점, 식당, 패스트푸드 체인점과 편의점에서 버려진다.

이 이야기는 가정에서도 이어진다. 가정에서의 식량 낭비는 연간 2450만 톤으로 추산되는데, 식량 낭비량을 가격으로 치면 거의 험머 H2 600만 대분에 해당한다. 하지만 걱정하지 말라. 필자도 누구 못지않게 죄책감을 느낀다. 우리집 냉장고는 배가 고파서 모든 것이 맛있어 보일 때 슈퍼마켓에서 충동구매한 식품류로 깊숙이까지 가득 차고, 이는 미친 듯이 대청소를 할 때 그냥 버려진다.

모두 합하면 미국에서 먹을 수 있는 모든 식량의 4분의 1에서 2분의 1가량이 던지기 놀잇감으로 전락한다.

어떻게 기아 직전에 있던 세상이 누군가가 텔레비전 쇼에서 매주 인간적으로 (불)가능한 만큼 음식 집어삼키기 경쟁을 하는 세상으로 바뀌었을까? 간단히 말하자면, 과학과 경제가 식량 생산에 변혁을 일으켰다. 옥수수를 예로 들자면 100년도 안 되는 기간 동안 작물 수확률이 네 배 이상이 되었다.

수백 년 전을 돌아보면 현대 식량 경제의 낭비에 관해 유용한 실마리가 보인다. 식량 생산이 산업화되면서 곡물과 육류를 키우고 궁극적으로는 소비하는 방법이 바뀌었다. 세계화, 기계화, 그리고 동물을 더 효과적으로 키우고 기르는 방법에 대한 과학적 이해가 모여서 지난 150년 동안 식량 생산이 크게 늘어났다.

세계화란 비옥한 땅과 자원을 가진 지구의 어느 지역(미국)에서 식량을 키워서 칼로리를 매우 필요로 하는 지구의 다른 곳(유럽)으로 보낸다는 뜻이다. 이 모든 일은 자유무역협정들을 통해 활용할 수 있게 된 새로운 철도망과 항구 덕분에 가능해졌다. 기계화 덕분에 농지와 수확 능력을 더 잘 다룰 수 있게 되었고, 질소 비료를 도입하면서 작물을 더 잘 키우고 작물 수확률이 토양의 영양 한계를 넘을 수 있게 되었다.

이 식량 혁명을 도운 것은 정부의 광범위한 정책들이었다. 저렴한 식량 생산, 농부들을 세계시장 및 자연의 불확실성으로부터 보호하기 위한 보조금 및 기타 보증(가장 최근 사례로는 에탄올 수입 관세율)의 형태를 통한 농업에 대한 공공 지원, 강의 관개 및 댐 건설을 통해 건조한 사막을 농지로 바꾸는 토지 개량 사업 등등을 보장하기 위해 농무부가 신설되었으며, 지금 말한 내용들은 농무부 역할의 일부에 불과하다.

이 정책들은 대체로 현재도 여전히 효과적이고, 거의 70억 가까운 사람들을 지속 가능하게 먹인다는 오늘날의 도전에 대처하고 준비하기보다는 농업경제가 직면한 난관들에 대해 전통적 시각을 유지한다. 에너지, 항생제, 비료 집약적 식량 생산 관행을 백 년이 넘게 고집하면서 집중적인 식량 생산으로 인해 너무 잘 알려진 부작용들이 생겼다.

식량이 더 풍부하고 저렴해진 것은 대체로는 좋은 일이지만, 그 부작용으로 유통망의 후반 단계에서 낭비가 생겼고 이 부분이 우리가 다루려는 부분이다. 따라서 우리의 연구 노력 과정이나 공공 프로그램들에서 우리가 이미 만든 명칭을 잘 활용하거나, 아니면 임시변통을 더 줄일 방법을 파악하는 편이 보다 나으리라 보인다. 대부분의 식품이 낭비되거나 업계 용어로 표현하자면 손실이 된다면, 아마도 우리 노력을 농장이 아니라 슈퍼마켓 통로와 식탁에 들이는 편이 더 나을 것이다.

전망은 다소 고무적이다. 농촌 장터와 지역사회지원농업(이하 CSA)이 전국적으로 늘어나고 있다. 이는 식품 소비자가 자신이 먹는 식품이 어디에서 왔는지에 관심을 가질 뿐만 아니라, '지게차' 단위가 아닌 소량으로 식품을 구매하는 데에도 관심이 있다는 하나의 징후일지도 모른다.

〈인간 대 음식〉 프로그램이 방영되는 이 나라 미국에서는 식품이 저평가되고 있으며 따라서 우리 소비 습관의 변화가 필요하다고 생각된다. 익숙하게 들리는가?

1-5 농업에서 얻은 교훈으로 식량 부족 원조를 시작하자

편집부

세계 식량 가격이 최근 3년 동안 거의 두 배가 되었다. 2008년 6월에 로마에서 열린 세계식량정상회의에서 반기문 유엔 사무총장은, 라이베리아를 방문했을 때 쌀을 가마니로 산 적이 있고 지금은 부족한 한 컵 정도만 살 만큼의 현금밖에 없는 사람들을 만났던 일을 회고했다. 현재의 위기는 이미 일상 영양 섭취를 충분히 하지 못하는 8억 5400만 명 이외에 1억 명이 새로 굶주리게 된다는 뜻이다.

이에 대한 즉각적인 대응책에는 곡물 사재기를 방지하고, 식량 원조가 제공되는 방식을 재조정하고, 식량 구매 보조금이 실제 빈곤층에게 도달하도록 주의 깊게 목표를 정하는 일들을 보장하는 정책이 포함되어야 한다. 현재 가장 취약한 지역인 아프리카로 더 많은 곡물을 보내는 것만으로는 충분하지 않다. 장기적으로는 과학과 기술이 큰 역할을 맡을 것이다. 옥수수나 사탕수수로 만드는 에탄올을 대신할 비식용 대체 원료를 찾아내는 것도 도움이 될 만하다. 하지만 아프리카와 다른 지역들의 기아에 대한 영구적인 해결책은 불량한 농업 생산성에 초점을 맞추어야 한다.

미 농무부의 에드 셰이퍼(Ed Schafer)는 정상회담 참석자들에게 악천후, 질병, 해충에 대한 내성이 있어 수확률이 더 높은 작물을 키울 수 있도록 생명공학 이용을 검토해 달라고 요청했다. 식용작물의 유전자 조작에 관해 공포를 조장하는 일부 활동가들은 행정부가 기업농에게 영합하고 유전자 변형 작물(genetically modified organisms, 이하 GMO)의 이익을 과대 선전한다면서 행정부의 입장을 비난했다.

이러한 비판은 사실 무근이다. 유기농식품 운동을 아프리카로 수출하기를 지지하는 비정부기구들은 좋게 보더라도 판단이 잘못되었다. 아프리카 대부분에서는 정치학자인 로버트 팔버그(Robert Paarlberg)가 "사실상의 유기농업"이라고 부르는 일을 실천하고 있는데, 그곳에서는 전반적인 생산성이 급락했다. 아프리카의 소농들이 얻는 작물 수확률은 아시아의 개발도상국 농부들이 얻는 수치의 3분의 1에 불과하다. GMO는 한 가지 예를 들자면 비가 잘 안 올 때도 작물이 잘 자랄 수 있도록 만드는 등 이로운 특성들을 결합함으로써 생산성을 높일 잠재력이 있다.

부시 행정부는 진보적인 사회적 정책 결정의 지표가 결코 아니었기에, 부시 정부가 생명공학을 위해 분명한 연구개발 지원 구조를 만들었다고 이야기하는 것이 더 설득력 있게 들릴지도 모른다. 바이러스나 곤충에 강하도록 유전적으로 변형된 카사바 또는 무지개콩은 현재 에너지 부문에서 수소 연료전지를 생산하는 것과 유사하다. 둘 모두 전망이 대단하며, 둘 모두 광범위하게 상업적으로 보급될 준비가 아직 되지 않았다.

현재 아프리카의 작물 수확률을 개선할 최선의 희망은 아시아와 라틴아메리카의 농업을 변화시킨 수십 년 된 녹색혁명에서 기술을 빌려 오는 것이다. 에티오피아의 특히 비옥한 지역의 농부들은 재래식으로 재배하는 잡종 종자를 이용해서 자신들의 농지가 아프리카의 사하라 이남 지역에서는 남아프리카만이 그에 필적할 정도의 곡창지대로 바뀌는 것을 목격했다. 이 농부들은 궁극적으로 여전히 더 나은 수확률을 추구할 것이고 유전적으로 변형된 작물을 받아들이는 데 개방적인 입장을 유지할 것이다.

록펠러(Rockefeller) 재단과 게이츠(Gates) 재단이 협력한 아프리카의 녹색혁명을 위한 동맹(Alliance for a Green Revolution in Africa)은 2008년 6월의 정상회담에서 아프리카의 여러 소농들을 지원하기 위해 유엔의 식량기관 세 곳과 협정을 체결했다. 부시 행정부는 2008년 5월에 식량 위기에 대처하기 위한 최근 원조 패키지의 일부로서 GMO 재배를 포함한 농업 발전의 힘을 빌려달라는 요청을 받았다. 하지만 더 많은 것이 필요하다. 미국은 세계 최대의 식량 원조 기증자로서 극심한 비상 상황에 사용하기 위한 자금의 대부분을 보내는데, 그러한 비상 상황에 대응할 때 법률에 따라서 아이오와나 캔자스에서 키운 작물을 어려운 나라들에 보내면서 대체로 미국 선박으로 보내야 한다. 한편 미국 국제개발기구의 아프리카 농학 투자금은 인플레이션으로 인해 1980년대 중반에서 2004년까지 75퍼센트 줄었다.

식량 위기를 궁극적으로 피하기 위해서 우리는 아프리카의 농부들에게 더 나은 종자를 전달할 뿐만 아니라 토양, 관개, 도로, 농부 교육의 개선을 위한 더 많은 지원도 제공하는 프로그램을 재개해야 한다. 그러고 나서 필요하다면 남은 원조 자금으로 아프리카의 땅에서 자란, 잡종이나 유전적으로 변형된 곡물을 구입해서 그 지역에 분배해야 한다. 미국 농민 압력단체는 거세게 항의

하겠지만, 이 행동은 아프리카의 빵을 아프리카의 식탁에 올려놓기 위한 최선의 방법이 될 것이다.

1-6 더 적은 에너지로 더 많은 식량을

마이클 웨버

화석연료와 비료는 50년 넘는 동안 세계의 식량을 더 많이 생산하고 분배하기 위한 주요한 요소였다. 지금까지는 식량과 에너지 사이 관계가 좋았지만 이제는 새로운 시대로 접어들고 있다. 식량 생산이 급격히 늘어 더 많은 탄소 기반 연료와 질소 기반 비료가 필요해졌는데, 이 둘 모두 지구온난화 및 강과 바다의 오염을 악화하고, 그 밖의 재난들의 주범이 된다. 동시에 여러 나라가 에너지 수요, 특히 화석연료 수요를 줄일 방법을 찾기 위해 노력하고 있다.

운송업, 발전소, 건물들이 에너지 소비 감소 대상으로 정책 면에서 많은 주목을 받지만 식량 공급 부문은 자주 간과된다. 미국에서는 에너지 예산의 10퍼센트 정도가 오늘날 소비하는 식물과 동물을 생산, 분배, 가공, 준비 및 보관하는 데 들어간다. 이는 전체 에너지의 상당한 부분에 해당한다.

에너지 이용의 관점에서 식량 공급을 조사해보면 식량 및 에너지 문제를 잠재적으로 함께 해결할 수 있는 현명한 정책, 혁신적 기술, 새로운 음식 선택을 위한 기회가 보인다. 이러한 행동으로 우리의 몸과 생태계도 더 건강해질 수 있을 것이다.

식품 사슬은 매우 비효율적

간단한 계산을 해보면 식량 생산이 비효율적인 과정임을 알 수 있다. 식물 생장은 에너지 효율이 좋지 않다. 광합성은 통상 들어오는 태양 에너지의 2퍼센트 미만을 저장 에너지로 변환한다. 이러한 낮은 효율은 동물이 식물을 소고기(5~10퍼센트 효율)나 닭고기(10~15퍼센트)로 변환시키면서 더 악화된다. 이후 우리가 그 음식을 삼켜서 인간의 에너지로 변환하여 근육의 글리코겐 및 지방으로(특히 우리 몸의 중간 부위에) 저장한다.

얼마나 많은 태양의 광자가 지구를 매일 때리는지를 생각하면 낮은 효율은 거의 문제가 아닌 듯 보인다. 하지만 땅과 담수의 제한, 비료 유출, 화석연료의 가격 및 공해 배출을 감안하면 이 비효율성은 중대한 문제일 수 있다. 식량을 만드는 데 쓰이는 에너지는 우리가 그로부터 얻어내는 에너지의 양에 비해 훨씬 크다. 미국은 10단위가량 화석 에너지를 써서 1단위의 식량 에너지를 만든다.

전체 인구를 고려하면 소비 규모는 놀랄 만하다. 건강하고 활동적인 성인 남성의 이론상 순간 힘 소모는 약 125와트이다. 이는 하루로 따지면 약 2,500칼로리의 영양, 혹은 거의 1만 영열량(British thermal units)에* 해당한다. 따라서 미국인 3억 1200만 명에게는 매년 약 1000조 영열량의 식량 에너지가 필요하다. 우리가 10단위의 화석 에너지를 이용해서 1단위의 식량 에너지를 생산하므로, 모든 미국인을 먹이려면 1경이 필요하다. 이는 미국의 전체 연간 에너지 소비량인 10경의 10퍼센트이다. 사회적 요구로서 식량 에너지 소비를 줄이려 한다면, 10대 1의 에너지 입

*영국 열량 단위라는 뜻으로, 물 1파운드를 표준 기압 하에서 60.5°F에서 61.5°F로 높이는 데 필요한 열량.

출력 비율을 줄여나갈 방법을 찾아야 한다.

세계의 70억 인구를 먹이는 데 필요한 식량 에너지는 연간 약 2경 5000조인데, 이는 세계의 연간 에너지 소비량 50경의 5퍼센트 정도에 불과하다. 세계의 나머지는 미국보다 더 효율적이지 않다. 10억 가까운 사람들이 굶주리며, 또 다른 10억은 기아의 위험에 있고, 많은 사람이 그저 많이 소비하지 못한다.

디젤엔진 트랙터, 전기 관개 펌프, 천연가스와 석유로 만든 비료 및 살충제와 같은 혁신을 통해 광범위하게 에너지를 이용하여 식량 생산이 크게 늘었다. 20세기 중반 이후 이 녹색혁명으로 작물 수확률이 급등했으며, 캘리포니아 센트럴밸리 같은 사막을 세계의 과일 바구니로 바꿨다. 이와 동시에 농업에 필요한 인부의 비율은 급락했다.

저렴한 에너지, 주로 석유를 이용한 운송망도 생겨서 식량 분배가 크게 개선되었고, 한겨울에 지구 먼 곳에서 온 샐러드와 신선한 오렌지처럼 뜻밖의 음식도 가져다주었다. 우리는 여전히 식량을 보존하고 준비하는 데 더 많은 에너지를 들인다.

화석연료의 가격이 저렴하고 오염이나 공해 배출을 크게 걱정하지 않았던 때는 에너지 낭비를 우려하지 않았다. 이제는 유가가 더 높으며 환경에 미치는 영향을 더 주의하는 시대가 되었으므로 10대 1의 효율을 개선해야 한다. 미국에서 더 많은 사람들이 에어컨을 저렴하게 이용하기 위해서 피닉스와 같은 지역으로 이동하고, 그 지역의 식량 생산이 인구 증가를 일부분만 뒷받침할 수 있다면 이 비효율성이 더 나빠질 수 있다. 이러한 경우에는 척박한 땅에서 비료 및 관개를 통해 에너지 집약형으로 식량을 생산하거나 먼 시장에서 식량을 가져오는 데에 더 많은 에너지가 쓰이게 된다.

세계적인 추세를 보면 난관이 악화될 것이다. 세계 인구는 2050년까지 90억을 넘기리라 예상된다. 1인당 에너지와 식량 소비도 증가할 것이다. 특히 사람들이 부유해지면서 육류를 더 많이 소비하는데, 육류는 다른 식품에 비해 훨씬 더 에너지 집약적이다. 그리고 가뭄, 홍수, 염수(塩水)의 대수층 침입, 더 높은 기온(많은 지역에서 광합성의 효율이 낮아질 것이다) 등의 기후변화로 인해 작물이 손실되고, 농지에서 바이오연료와 경쟁하면서 식량 생산이 피해를 입을 것이다. 전문가들은 그 결과 2050년까지 식량 생산이 두 배가 되어야만 한다고 예측한다.

로컬푸드가 대안이 아닐 수도

불행하게도, 에너지 관점에서 접근하는 몇몇 대중적인 식량 생산 '해법'이 항상 유익하지는 않아 보인다. 예를 들면 많은 사람이 원거리 식량 수송과 에너지 집약적인 대규모 산업화 농업에 쓰이는 에너지에 대한 하나의 해결책으로서 스스로를 로커보어(locavore)라고 묘사하며 로컬푸드 운동에 집착했다. "우리 농산물 먹기(Eat local)" 캠페인은 주민들에게 농장 직거래 시장 또는 인근의 지역사회 지원 농장에서 키우는 로컬푸드를 구매하라고 권장한다.

돈을 멀리 보내지 않고 지역공동체에 쓰면 경제적으로 가치가 있고 전쟁이나 가뭄과 같이 예기치 못한 사건이 생길 때는 활발한 로컬푸드 시스템이 탄력적이다. 하지만 지역 농장은 때로 불모지를 이용해서 외래종 작물을 생산하는데, 이를 위해서 더 많은 화학물질 및 관개를 위한 더 많은 에너지가 필요하고, 그럼에도 외래종의 수확률은 여전히 낮다. 상당히 이상하게 들리겠지만 식품을 수천 킬로미터 수송하는 편이 때로 에너지가 덜 들어가고 이산화탄소를 덜 배출하며 환경 피해가 더 적다.

예를 들면, 대개 비료나 관개 시설이 없이 자라는 자연 초지에서 동물을 방목하는 뉴질랜드에서 양을 키워서 영국으로 수송하는 것은 통상 에너지 집약적인 노력을 통해 영국에서 양을 키우는 것에 비해 에너지 소모가 더 적다. 또한 물 손실과 비료 유출을 최소화하기 위해 레이저로 측정한 밭에 연료 사용 및 작물 밀도를 최적화하기 위해 위성항법장치(이하 GPS)를 장착한 트랙터를 이용하여 물 사용을 최소화하도록 고안된 유전자 변형 작물을 심은 대형 산업화 농장은, 집에 더 가깝지만 에너지와 물을 비효율적으로 사용하는 다수의 분산된 농장들에 비해 대단히 자원 효율이 높다. 스탠포드 대학교의 한 연구에서는 대형 농장이 탄소 배출을 많이 절약하며 이는 수확률 개선과 규모의 경제 때문이라는 결론을 내렸다.

수직농장, 도시 농장 또는 현재 시범 단계인 식용 조류(藻類) 생산도 지역 농장에 비해 단위면적당 더 많은 생물자원을 생산할 수 있는 잠재력이 있다.

재생 가능 에너지라는 해결책은 일부에서 인기가 있지만 실제로는 식량 에너지 시스템이 더 복잡해진다. 옥수수, 콩, 사탕수수 및 야자나무와 같은 식용 원료는 세계의 바이오연료 시장에서 지배적인 지위를 차지하며 농지와 담수의 유해한 경쟁을 초래한다. 2010년에 미국에서는 127억 갤런(480억 리터)의 에탄올을 생산하는 데 약 3000만 에이커(12만 1,400제곱킬로미터)의 농지가 쓰였다. 미국이 2022년까지 모든 운송용 액체연료의 20퍼센트를 바이오연료로 사용해야 한다는 연방 명령을 충족하기 위해 노력하면 이 점유율이 크게 높아질 것이다.

폐기물 활용

식량과 에너지의 관계에 대해 많은 우려가 있지만 그럼에도 불구하고 낙관할 근거가 몇 가지 있다. 낭비와 비효율을 줄이는 데 중점을 둔 여러 혁신, 정책, 시장 및 문화적 선택을 통해서, 에너지 섭취에 쓰이는 10대 1의 에너지 비율을 낮출 뿐만 아니라 환경 피해도 완화할 수 있다.

그 첫 단계는 옥수수 알곡으로 녹말 원료 에탄올 만들기를 중지하는 일인데, 이는 현재 미국에서 하고 있는 방법이다. 알곡은 사람과 가축을 먹이고 셀룰로오스 계열 여물, 즉 식물의 줄기와 잎만을 이용해서 에탄올이나 합성연료를 만들자. 미국 에너지 정책에는 이미 이러한 해결책을 추진하는 내용이 담겨 있다. 2007년 에너지독립안보법안(Energy Independence and Security Act)에 담긴 재생연료 사용 기준은 2022년까지 미국에서 연간 360억 갤런(1360억 리터)의 바이오연료를 소비하고 그중 160억 갤런(606억 리터)을 셀룰로오스 원료로 만들도록 의무화하고 있다. 후자의 요건은 워싱턴 D.C.의 정치가들이 옥수수가 우리 모든 에너지 문제의 해결책은 아니라고 인정한 드문 예이다. 전문가들은 인간을 위한 농산물 생산능력을 잠식하지 않고 사용 가능한 농지에서 자라는 옥수수 원료로는 한 해 최대 150억 갤런(568억 리터)만을 생산할 수 있다고 예측한다.

반면 공격적인 바이오연료 생산 정책은 식용 재료의 제품을 최대한 빠르게 내놓기를 강요하고 있고 셀룰로오스 제품을 내놓으려면 몇 년이 늦어지는데, 이는 셀룰로오스 제품을 생산하기가 더 어렵기 때문이다. 자연 상태에서 셀룰로오스 재료는 수천 년 이상 분해되지 않는다. 셀룰로오스를 에탄올로 분해한다는 것은 자연에 역행해야 한다는 뜻이며 이를 위해서는 효소가 있어야 하는데, 이는 돈을 뜻한다. 산업 원료로 이용할 만큼의 양으로 효소를 생산하려면 비용이 많이 든다. 그렇지만 기술적 장애를 극복하면 그 방향으로 더 단호하게 나아갈 수 있다. 식용 원료 대신 셀룰로오스 원료를 이용하면 미국의 에너지 공급에 도움이 되고 수천 만 에이커의 땅에서 다른 식량을 생산할 수 있게 될 것이다.

식량 에너지 방정식을 개선할 또 다른 단계는 농업 폐기물을 전력으로 변환하는 것이다. 가축 퇴비는 풍부한 원료의 하나이다. 옛날에는 작은 농장들에서 여러 종류의 동물과 다양한 작물을 한 장소에서 키웠고, 농부들은 논밭에 화학비료 대신 퇴비를 뿌렸다. 현재는 대형 농장들에서 적은 가짓수 곡물을 대량생산하며 집중적으로 동물을 사육하므로 자급 순환 관행이 사라졌다. 대규모 가축 사육에서 나오는 엄청난 양의 퇴비는 지역 수요를 훨씬 넘는

데, 국토를 횡단해서 이를 대형 농장까지 수송하기에는 너무 비싸다. 이 시스템은 온실가스를 심하게 배출하고 유독성 폐기물의 근원이 되는 퇴비 산화지(manure lagoon),* 즉 라군과 같은 환경 위기지역(hotspot)을 만들어내기도 한다. 하지만 라군은 상당한 에너지가 밀집되는 장소이며 많은 에너지가 있다. 미국 농장에서는 연간 10억 톤 이상의 퇴비를 만들어낸다. 혐기성 소화조(Anaerobic digester)와** 마이크로터빈을 이용해서 퇴비를 충분히 재사용할 수 있는 저탄소 바이오가스 연소 전력으로 변환하면 미국 전기 생산의 2.5퍼센트를 대체하면서 온실가스 배출을 줄일 수 있다. 이러한 방식은 농부에게 또 다른 매출원이 되기도 할 것이다. 텍사스 에이앤엠(A&M) 대학교와 코넬 대학교 농업생명과학대 같은 일류 농업 연구소의 연구자들은 퇴비를 분해하는 혐기성 소화조를 농장 운영과 결합할 새로운 방법을 찾고 있다. 캘리포니아 대학교 데이비스 캠퍼스의 프랭크 미트로너(Frank Mitloehner)와 공동 작업 중인 독일의 작은 마을 윤데(Juehnde)는 난방 및 조리용으로 많은 바이오가스를 생산해서 국가의 가스 공급망에서 독립하였다. 정책입안자들은 농부들에게 대출 우대권을 주고, 장비에 대한 재산세 인하와 같은 인센티브를 만들고, 잠재적 사용자들에게 시스템 운영 방법을 알려주는 정보 및 교육을 제공하고, 농부의 전기 요금을 줄이는 현장 발전업이 가능하도록 하는 시스템인 요금상계제도를 수립함으로써 더 많은 소화조와 터빈을 설치하도록 장려할 수 있다.

*오염물질이 모여서 자연 정화되는 연못.
**유기물질을 모아서 썩히면서 거기에서 가스를 모아서 에너지로 만드는 장치.

식량 에너지를 절약할 수 있는 또 다른 폐기물 자원은 석탄 발전소의 굴뚝에서 나오는 이산화탄소이다. 이를 식용, 가축 사료용, 연료용 조류를 키우는데 사용할 수 있으므로 식량 생산을 위한 전통적인 에너지 투입을 일부 절감할 수 있다. 일부 사람들은 이미 영양 섭취를 목적으로 조류를 직접 먹고, 일부 국가의 식당 체인에서는 식재료 보강용으로 조류를 사용한다. 조류 지질도 바이오디젤로 변환해서 식용 원료가 아닌 다른 원료로 만드는 국산 저탄소 재생 가능 연료를 제공할 수 있다. 조류 생물자원의 나머지는 통상 단백질과 탄수화물로 구성되는데, 조류로 옥수수 원료 동물 사료를 대체해서 더 많은 옥수수를 식용으로 사용하고 그를 통해 식량과 에너지 관계에 긍정적으로 기여할 수 있을 것이다. 어떤 조류는 기수(汽水)나* 염수에서도 잘 자라므로 담수를 소모할 필요 또한 없어진다. 솔라자임(Solazyme)과 같은 다양한 신생업체들을 포함한 민간업체, 국립재생에너지연구소(NREL)와 같은 국립연구소, 텍사스 대학교 오스틴 캠퍼스나 캘리포니아 대학 샌디에이고 캠퍼스와 같은 대학교 모두가 실험 및 시험 프로그램들을 운영하고 있다. 조류를 원료로 이용하는 대안은 대규모로 도입하기에는 수십 년이 걸릴 것으로 보이지만, 그 가능성을 보면 추가 연구가 타당해 보이므로 정책수립자들은 개발 자금을 계속 지원해야 한다.

*민물과 바닷물이 섞이는 지점의 염분이 낮은 물.

1-6

같은 물로 더 많은 작물을

이미 완성된 혁신적 농업기술을 훨씬 더 큰 규모의 시험 프로그램들에서 난순히 도입하기만 해도 10대 1인 에너지와 식량 비율을 매우 낮출 수 있다. 예를 들면 점적관개는 같은 양의 물로 더 많은 작물을 수확할 수 있어서 담수 및 그를 퍼 올리는 데 드는 에너지가 절약된다. 원형 스프링클러로 갈색 사막 한가운데에 외계인이 만든 것 같은 원형의 녹색 작물군을 만드는(하늘에서 보면 잘 보인다) 재래식 방법은 물을 하늘에 뿌릴 때 대부분이 증발해버려 낭비가 매우 심하다. 분무 입자는 작물 뿌리가 아닌 잎과 줄기에 떨어져 더 많은 증발 손실을 초래한다. 일반적인 점적관개 형태에서는 식물 아랫부분에 깔린 좁고 긴 관을 통해 계속해서 뿌리에 직접 물을 전달한다. 아이오와 주립대학교 연구자들은 아이오와 주의 옥수수 농부들이 점적관개를 하면 물을 40퍼센트 덜 쓰고 에너지 요금을 15퍼센트 절약할 것이라고 추산한다. 여섯 곳의 대형 농장 공급업체가 이 시스템을 제공하며, 폭넓게 쓰인다면 국가적으로 매년 수천 메가와트시(MWh)를 절약할 수 있을 것이다. 점적관개로 전환하는 인센티브를 물 낭비에 대한 불이익과 결합하면 그 도입을 촉진할 수 있을 것이다.

무경운(無耕耘) 농법은 또 다른 유망한 방식의 하나이다. 이 농법에서는 땅을 뒤집어엎는 단순한 방법 대신 갈지 않은 땅의 좁은 표면 구멍들에 종자를 심는 특수한 파종 장비를 이용해서 토양의 불안정성을 줄인다. 땅을 덜 파헤치면 노동력, 관개, 에너지, 황폐화, 탄소 배출이 줄어든다. 아르헨티나가 이 방식의 세계적인 선두주자이다. 그곳에서는 농장의 절반 이상이 이 첨단 기술을 활용한다. 국가 차원의 농촌지도사업을 통해 농부들에게 무경운의 이점을 교육할 수 있다.

레이저로 측정한 농지는 침식, 관개, 비료 유출을 최소화할 수 있다. 대부분 농지는 얕은 비탈이 있어 물 분배가 균등하지 못하고 유출물도 고르지 못하게 모인다. 농부들은 일부에 물이 부족하게 분배되는 위험을 감수하기보다 대체로 물이 흘러넘칠 만큼 과하게 공급한다. 농지를 평탄하게 만들면 농부들은 물을 퍼 올리는 에너지를 덜 낭비하고, 비료가 덜 유출되므로 비료 소모도 줄어든다.

GPS 탑재 트랙터, 콤바인, 기타 농기계들이 생겨나면서 '정밀농법' 개념이 도입되었는데, 이는 생산성을 높이고 에너지 사용을 줄인다. 현재 GPS 장착 농기계는 존 디어(John Deere) 같은 제작사들이 표준 사양으로 제공하는 기능이다. GPS의 안내를 받으면 농부들이 말 그대로 인치 단위로 농지를 돌보고 작물을 심을 수 있어서 공간, 시간, 연료 낭비를 줄이며 심지어 농기계를 손으로 운전할 필요도 없어진다. 보통 크기의 농장을 업그레이드하는 데 1만 달러의 비용이 들어갈 수도 있지만, 퍼듀 대학교의 연구자들은 그 이익이 비용을 능가한다는 결론을 얻었다. 한 가지 예를 들자면 연료 소비가 줄어든다. GPS를 농지 진단과 결합하면 농부들이 토양 조건 정보를 파악하고 농지의 한 쪽 끝에서 다른 쪽 끝까지 화학물질을 미세하게 조정하여 투입할 수 있어서 궁극적으로 적게 쓸 수 있다. 농지에서 사람의 시야가 제한되는 야간이나 안개와 빗속에서도 작업할 수 있어서 생산성이 늘어나게 된다.

1-6

더 나은 습관

식량 낭비를 줄여도 음식을 먹기 위해 쓰는 에너지의 10대 1 비율을 낮출 수 있다. 재배되는 식량의 25퍼센트 혹은 그 이상의 엄청난 양이 해마다 버려진다. 이는 미국의 연간 에너지 소비의 2.5퍼센트에 해당하는 거대한 양이다. 그리고 이는 미국에서 2011년에 생산된 모든 에탄올보다 더 많은 에너지이며, 2030년에 현재의 외변대륙붕(Outer Continental Shelf) 시추 제한이 풀릴 때 생산될 에너지보다 더 많다. 지금까지 제안된, 비용이 많이 들거나 논란이 많은 여러 에너지 공급 정책들을 시행하지 않더라도 단지 우리가 버리는 식량의 양을 줄이기만 해도 에너지 소비와 온실가스 배출을 이후 10년이나 20년 동안 더 줄일 수 있을 것이다.

식량 낭비를 줄이는 여러 방법들은 당장 시작할 수 있다. 수십 년간 쓰인 대략적인 날짜 단위 표시 시스템을 이용하는 대신 식량 부패 진단법에 투자할 수 있을 것이다. 그 한 가지 예는 식품 포장에 기온 및 시간에 민감한 잉크로 라벨을 만들어서, 식품이 부적절한 온도에 너무 오래 노출되었다면 라벨의 색이 변하도록 하는 것이다. 신생업체들이 이러한 라벨을 생산하는데, 이를 이용하면 소비자가 식중독에 걸릴 것을 우려해서 불필요하게 버리는 많은 식품을 아낄 수 있다. 이 라벨은 실제로 부패 식품이 유발하는 많은 질병을 방지할 수도 있다. 식품이 얼마나 오래 포장되어 있었는지에 더해서 식품이 노출되는 온도를 계속 파악하도록 업체에게 요구하면, 소매업자와 소비자에게 부패 위험에 관한 더 나은 정보가 제공될 수 있을 것이다.

새로운 태도와 음식 선택도 도움이 될 수 있다. 식당은 특대형 메뉴 제공을 멈출 수 있고, 소비자는 양껏 먹을 수 있는 뷔페를 정복했다고 자랑하기를 그만둘 수 있다. 더 많은 여분의 식품을 남은 음식으로 챙겨 두었다가 먹을 수 있다. 식습관도 바꿀 수 있다. 에너지 집약적인 육류의 일부를 에너지 집약도가 낮은 과일, 견과류, 채소, 콩류, 곡물로 대체할 수 있다. 이러한 습관에는 특별한 발명이 필요 없고 단지 새로운 생각만이 필요하다. 이러한 생각 중 몇몇은 소비자의 돈도 절약해준다. 고기 없는 금요일 또는 채식하는 월요일이 그 출발점이 될 수 있을 것이다.

기존 녹색혁명에서도 보았듯이, 불과 몇십 년에 걸친 비교적 빠른 대규모 변화는 가능하다. 이 변화는 극적으로 이루어질 수 있고, 예상보다 훨씬 나은 목표를 달성할 수 있다. 하지만 뜻밖의 일도 생길 수 있다. 식량을 풍부하게 생산하는 시대가 되면서 비만 발생이 늘고 기후변화가 악화되었다. 기술만으로는 충분치 않다. 녹색혁명으로도 기아를 해결하지 못했다. 광범위한 성공을 위해서는 새로운 습관, 태도, 정책을 포함하여 식품의 에너지 낭비를 줄이기 위한 세계적인 접근 방법이 중요할 것이다. 이 새로운 녹색혁명이 다를 것이라고 생각할 이유는 없다.

1-7 청색 식량 혁명

세라 심프슨

닐 심스(Neil Sims)는 여느 헌신적인 농부처럼 난폭한 가축들을 돌본다. 하지만 그는 함께 자란 호주의 양치기들처럼 가축을 돌보기 위해 말에 안장을 얹는 대신 스노클과 마스크를 쓴다. 48만 마리의 은어가 하와이 빅아일랜드의 코나 해안에서 0.8킬로미터 떨어진 바닷속 우리 안에 있다.

파도 아래 분리되어 들어가 있는 심스의 농장은 지구의 마지막 농업 개척지인 바다를 활용하려는 세계의 20개 기업 중 하나이다. 양식장이 근해에 있어 가두리가 해안선을 끼고 있는 수천 개 재래식 양식장에 비해 분명한 이점이 있다. 구식의 해안 양식장은 흉물이자 해양 오염 유발자로서 많은 물고기 배설물과 음식 찌꺼기 더미를 고요하고 얕은 물에 흘려서 해로운 녹조를 유발하거나 가두리 아래의 바다 생명체들을 죽인다며 경멸당하는 일이 잦다. 심스는 코나 해양 양식장과 같은 형태는 오염 문제가 없다고 설명한다. 각각의 크기가 고등학교 체육관만큼 큰 일곱 개의 수중 우리가 빠른 해류 속에 닻을 내리고 있어서, 폐기물이 해류에 의해 깨끗이 흘러나가서 넓은 바다에서 해롭지 않은 수준까지 빠르게 희석된다.

심스의 말을 빌리는 대신, 발에는 물갈퀴 목에는 스노클을 차고 그의 작은 작업 보트 가장자리에 발을 올리고 직접 물에 뛰어들어 본다. 물에서는 이중 원뿔 모양 우리가 거대한 초롱불처럼 환하게 빛나며, 햇빛 줄기가 희미하게 비추고 쏜살같이 헤엄치는 물고기 떼가 반짝거린다. 만져보니 우리의 틀 밖에 팽팽하게 당겨진 소재는 그물보다는 펜스에 더 가까운 느낌이다. 단단한 케블라 느낌 소재는 굶주린 상어를 효과적으로 쫓을 수 있을 듯하다. 그리고 그 속의 커다란 낫잿방어 떼는 코나 블루(Kona Blue)가 자연산 참치의 대용으로 사육한 방어의 지역 품종이다.

왜 방어일까? 많은 자연산 참치 어장이 붕괴하고 있고, 스시용 방어는 높은 가격에 팔린다. 심스와 동료 해양생물학자인 데일 사버(Dale Sarver)는 2001년에 인기 있는 물고기를 지속 가능하게 키우기 위해서 코나 블루를 설립했다. 하지만 이 회사의 방법들을 지극히 평범한 어류에 적용해도 괜찮을 뻔했다. 그리고 우리에게는 그 방법들이 필요할지도 모른다. 69억 세계 인구는 2050년에는 93억으로 늘어나리라 추산되며, 생활수준이 높은 사람일수록 더 많은 육류와 해산물을 먹는 경향이 있다. 하지만 세계 자연 어장에서의 어획량은 10년간 침체되었거나 줄고 있다. 소, 돼지, 닭, 기타 동물을 키우려면 엄청난 양의 땅, 담수, 공기를 오염시키는 화석연료, 그리고 유출되어 강과 바다를 죽이는 비료가 소비된다. 사람들에게 필요한 모든 단백질이 어디서 나올 것인가? 효율적으로 기능하는 새 해상 양식장, 그리고 청결한 해안 양식장이 그 답이 될 수 있다.

깨끗할수록 좋다

일부 과학자들은 세계를 먹이기 위해서 우리가 먹는 동물 단백질을 바다에서 생산해야 한다고 주장한다. 만약 청색 식량 혁명이 저녁 식탁의 접시를 채우기 위한 것이라면 환경적으로 건전한 방법으로 이루어져야 한다. 그리고 청색 혁명을 확산시키거나 혹은 지체시킬 힘이 있는 피로한 대중과 정책 결정권자 모두가 그 이익을 더 잘 알도록 해야 한다.

과거에는 비난이 적절했을지도 모른다. 현대의 해안 어류 양식은 30여 년 전에 시작되었는데, 환경 또는 산업의 장기적 지속 가능성 모든 측면에서 사실상 아무도 이 일을 올바르게 수행하지 않는다. 어류 폐수는 한 가지 문제일 뿐이다. 동남아시아와 멕시코의 새우 농부들은 해안 홍수림(紅樹林)을* 벌목해서 그 연못에서 새우를 키운다. 유럽과 미국의 연어 양식장에서는 많은 경우 너무 조밀하게 가둬서 질병과 기생충이 물고기 전체를 휩쓸기 쉬워졌다. 양식장을 탈출한 물고기는 때로 고유종에게 질병을 퍼트린다. 설상가상으로 양식업은 전체 물고기의 순감소를 의미했고 지금도 그렇다. 사람이 선호하지는 않지만 더 큰 야생 어류가 먹는 작고 저렴한 어종이 야생 사료어로 대량 잡혀서 가루로 분쇄되어, 사람들이 선호하는 더 크고 맛있고 더 비싼 양식 물고기의 사료가 된다.

*정기적으로 바닷물에 잠기는 열대 및 아열대 지역의 해안 상록수림.

그러한 병폐들은 분명 사업상 좋지 않았고, 업계는 혁신적 해결책을 고안한다. 근해의 빠른 해류 안에 양식장을 두는 코나 블루의 전략이 한 예이다. 다른 양식장에서는 물고기 가두리 근처에 해조류나 연체동물 같은 여과 섭식 동물을 길러서 폐기물을 먹어치우도록 두기도 한다. 민물 양식을 포함한 업계

전반은 축산 및 사료 배합을 개선하여 질병을 줄이고 물고기가 더 빠르게 자라도록 도우며, 사료어를 물고기 사료로 쓰는 양을 줄이고 있다. 하지만 환경단체들이 양식 물고기를 "불매" 목록에서 빼는 일은 아직 먼 미래의 이야기일지도 모른다.

더 멀리 내다보는 일부 사람들은 더 대담한 조치를 실험하고 있다. 국가의 활동은 해안에서 200해리까지 수역을 관리할 권한을 독점한다. 그 광대한 변경 지역은 식량 생산 양식을 위해서는 활용되지 않았다. 미국 주변 그 변경 지역의 넓이는 340만 제곱해리이다. 대형 프로펠러로 방향을 조정하는 수중 물고기 가두리가 안정된 해류를 타고 다니다가 몇 개월 뒤에 출발점으로 되돌아오거나 멀리 있는 행선지에 도착해서 신선한 물고기를 시장에 제공할 수 있을 것이다.

해양공학자 클리퍼드 구디(Clifford Goudey)는 2008년 후반에 세계에서 처음으로 자력 주행 수중 물고기 가두리를 푸에르토리코 해안에서 출항시켰다. M.I.T.의 시그랜트 해상양식공학연구소(Sea Grant's Offshore Aquaculture Engineering Center) 소장을 역임한 그는 직경 62피트(18.9미터)짜리 지오데식 구체(geodesic sphere)인* 이 가두리가 8피트(2.44미터) 크기의 프로펠러 2개를 달고 아주 잘 움직인다는 것을 입증했다고 말한다. 구디는 카리브 해를 가로지르는 예측 가능한 해류 안에서 9개월마다 꾸준히 이어지는 이동식 양식장의 출항 지대를 구상하고 있다.

*수많은 삼각형 평면들로 표면이 이루어지는 구체.

1-7

사료 경쟁

바다 혹은 염수 양식업에서 보완하기 가장 힘든 부분은 작은 야생 물고기를 큰 양식 이종의 사료로 쓰는 수요이다.(작은 물고기는 양식을 하지 않는데, 작은 고기를 잡아 갈아서 생선가루와 생선기름으로 만드는 산업이 이미 발달해 있기 때문이다.) 필자는 사료용 바지선으로 완전히 개조된 미 해군의 오래된 수송선에 심스와 함께 탔을 때 사료 문제에 날카로운 관심이 생겼다. 뱃머리로 갈 때 바다 너울에 몸이 옆으로 밀렸는데, 오래전 절반쯤 얼어붙은 미주리 주의 목초지에서 탔던 사촌의 헤리퍼드종 소에게 먹일 건초를 실은 덜컹거리는 픽업트럭이 생각났다. 달콤한 냄새가 나는 건초의 기억은 갑판에 열린 채 기대 세워진 2,000파운드(908킬로그램)의 포대에서 기름기 있는 갈색 사료를 한 움큼 집었을 때 사라졌다. 알갱이들은 작은 테리어 개에게 먹이는 사료처럼 생겼지만 빈 멸치 통조림에서 나는 악취가 난다.

이 냄새는 놀랍지 않다. 코나 블루의 사료 중 30퍼센트는 페루 멸치 가루이기 때문이다. 심스는 방어가 채식을 해도 살 순 있지만 그다지 맛있진 않을 것이라고 설명한다. 그리고 채식으로 키운 생선의 살에는 건강에 좋은 지방산과 아미노산도 전혀 포함되지 않을 것이다. 이 성분들은 생선가루와 생선기름에서 나오는데 이 점이 문제이다. 심스는 "고기를 기르기 위해 고기를 죽인다고 자주 비난을 받는다"고 말한다. 해안 가두리에서 하는 연어 양식도 같은 분노를 초래한다.

이 문제를 비난하는 사람들은 어류 양식으로 인한 수요가 늘면 야생 멸치,

정어리, 그 밖의 사료어가 멸종될 것을 우려한다. 현대의 어류 양식이 시작되기 전에는 생선가루가 대부분 돼지와 닭의 사료가 되었지만, 현재는 어류 양식이 생선가루의 68퍼센트를 소비한다. 하지만 발전된 사료 배합을 통해 소비가 줄었다. 코나 블루가 2005년에 방어를 키울 때는 사료 알갱이의 80퍼센트가 멸치였다. 2008년 초에 회사는 대두박 비중을 높였고, 가금류를 처리하면서 나오는 부산물인 닭기름을 추가하면서 이 비율을 30퍼센트로 줄였다. 복합사료 알갱이는 모든 정어리를 물고기 가두리에 쏟아붓는 터무니없는 관행에서 크게 발전한 것이다. 불행하게도 이러한 소모적 행위가 무책임한 양식업자 사이에서는 일반적이다.

더 깨어 있는 경영자들의 목표는 사료로 쓰는 물고기와 식용으로 생산되는 물고기의 양이 같아지는 손익분기점에 도달하는 것이다. 역돔과 메기를 민물 양식하는 업자들은 이러한 마법의 비율을 달성했지만 바다 양식업자들은 그렇지 못하다. 코나 블루 사료의 70퍼센트가 농업 단백질 및 기름이므로, 방어 1파운드(454그램)를 생산하려면 1.6~2파운드(730~910그램)의 멸치만이 필요하다. 양식 연어 업계의 평균은 약 3파운드(1,360그램)이다. 바다 단백질의 순손실이 없는 수준이 되려면 업계는 이 비율을 줄여야 한다. 하지만 양식 어류는 자연산에 비해 식사량이 훨씬 적다. 자연산 참치는 수명 전체에 걸쳐 참치 무게 1파운드당 최대 100파운드의 식량을 소비하며, 이 소비량은 모두 물고기이다.

어류 양식장이 늘어날수록 정어리와 멸치 어획을 줄이라는 압력이 커질 것이다. 어류 양식은 세계에서 가장 성장이 빠른 식량 생산 부문으로, 1994년 이래 연간 7.4퍼센트의 성장을 보이고 있다. 이러한 속도라면 2040년에는 생선가루와 생선기름 자원이 소진될 수 있다. 마요르카에 있는 스페인 국제과학연구위원회의 세계변화국제연구소를 이끄는 해양생태학자 카를로스 두아르테(Carlos M. Duarte)는 따라서 10년 이내에 야생 어류 제품을 사료로 완전히 쓰지 않는 것이 중요한 목표라고 주장한다.

그에 도움이 될 수 있는 한 가지 돌파구는 필요한 오메가-3 지방산을 미세조류에서 추출하는 일로서, 그러면 사료어를 일부 대체할 수 있을 것이다. 메릴랜드 주 컬럼비아에 있는 어드밴스드 바이오뉴트리션(Advanced BioNutrition)은 현재 시판되는 영아용 조제식, 우유, 주스를 보강하는 데 쓰이는 것과 같은 조류 원료 DHA를 담은 사료를 시험하고 있다. 최근 호주 연방과학산업연구기구의 연구자들은 처음으로 지상 식물에서 DHA를 추출했다. 두아르테는 육상 농업 및 민물 양식 간의 치열한 경쟁은 양식업자가 궁극적으로 콩, 닭기름, 기타 지상에서 키운 제품을 사료에서 빼고 그 대신 키우기 쉬운 동물성 플랑크톤과 해조류를 물고기들에게 줘야 한다는 뜻이라고 말한다.(해조류는 이미 모든 해양 양식업 가치의 거의 4분의 1을 차지한다.)

바다 양식이 발전하고는 있지만, 유력한 환경주의자와 학자들은 여전히 이를 맹비난한다. 스크립스 해양연구소의 해양생태학자 제러미 잭슨(Jeremy Jackson)은 포식 어류와 새우 양식에 "격하게 반대"하며, 기본적으로 사람들이 먹기 좋아하는 생선은 횟감류라고 말한다. 그는 이러한 습관이 자연산 생선 공급을 강요하는 "환경 재앙"이라고 지적하며 이를 "불법화"해야 한다고 주장한다.

소고기보다 현명하게

다른 비판자들이 잭슨의 주장에 공감하는 요점은, 보통 사람은 결코 맛보지 못할 사치성 식품을 제공하기 위해 과소비되는 사료어 어장의 붕괴 위험이 이미 너무 크다는 것이다. 최상위 포식자를 양식하는 대신 초식성인 정어리와 멸치를 직접 먹는 편이 훨씬 나을 것이다.

심스는 먹이사슬의 아랫부분에서 수확을 해야 한다는 점에 동의하지만, 그것이 먹이사슬 아랫부분의 물고기를 먹어야 한다는 뜻은 아니라고 말한다. "현실적으로 생각하자. 나는 피자에 올린 멸치를 먹지만, 가족에게도 그렇게 하라고 할 수는 없다"고 말한다. "멸치 1파운드로 양식 회 1파운드를 얻을 수 있다면, 사람들에게 먹고 싶은 것을 주지 않을 이유가 있겠는가?"

어떤 사람들은 식물을 더 많이 먹는다면 지구와 인간이 더 건강해지리라는 전제 하에 자연산이든 양식이든 상관없이 생선을 소비하는 것 자체를 비웃는다. 하지만 사회는 채식주의로 기울고 있지 않다. 더 많은 사람이 더 많은 육류를 먹고 있으며, 특히 더 부유하고 더 도시화하고 더 서구화한 개발도상국에서 그렇다. 세계보건기구(이하 WHO)는 2050년까지 1인당 육류 소비가 25퍼센트 증가하리라 예상한다. 소비가 꾸준하더라도 현재의 수확률대로라면 2050년이 되면 필요한 식량을 생산하기 위해서 작물 및 목초지가 지금보다

50~70퍼센트 늘어나야 한다.

이러한 현실 때문에, 이제까지는 눈여겨보지 않았던 어류 양식과 육상 농업을 비교할 필요가 있다. 어류 양식은 세계에 매우 필요한 단백질을 제공하면서 육상 농업의 확장 및 그에 따르는 환경 피해를 최소화할 수 있다.

육상 농업으로 이미 지구 지표면의 40퍼센트가 농장으로 바뀌었다. 그리고 1만 년 동안 문제에 대처해왔지만 여전히 굵직한 문제들이 많다. 소는 비료를 많이 써서 키운 작물을 엄청나게 많이 먹고, 돼지 축사와 닭 농장은 오염원으로서 악명이 높다. 비료 유출로 인해 생긴 멕시코 만과 흑해 등지의 데드존 그리고 돼지 축사의 오수가 초래한 체서피크 만의 유해한 녹조에 비하면 해안 어류 양식장 해저의 데드존이 차라리 오염도가 낮다.

워싱턴 주 포트 타운젠트에 있는 독립 수상 환경 상담가인 케네스 브룩스(Kenneth M. Brooks)는 사회가 "가장 까다로운 문제들을 효과적으로 해결하는 데 노력을 집중"할 수 있도록 점점 더 많은 과학자들이 다양한 단백질 생산 체계 모두가 환경에 미치는 영향을 비교하기 시작했다고 말한다. 그는 앵거스(Angus) 소고기를 키우려면 그에 상응하는 무게의 양식 대서양 연어 순살을 얻는 데 필요한 해저 면적과 비교해서 고급 목초지가 4,400배나 더 필요하다고 추산한다. 뿐만 아니라 연어 양식장 아래 생태계는 10년 안에 회복될 수 있는 반면 소 목초지는 다 자란 산림으로 되돌아가는 데 수백 년이 걸릴 것이다.

바다에서 단백질을 재배해야 하는 훨씬 더 설득력 있는 이유는 인간의 담수 소모 감소일 수도 있다. 두아르테가 지적하듯이, 동물 육류는 식량 생산의 불과 3.5퍼센트를 차지하지만 농업에 쓰이는 물의 45퍼센트를 소비한다. 그는 대부분의 단백질 생산을 해양으로 돌리면 "육상 농업이 현재 수준으로 과도하게 물을 사용하지 않고 상당히 성장할 수 있을 것"이라고 말한다.

물론 대두박과 닭기름을 수집하고 수송하는 행위나 물고기 떼에게 먹이를 주는 일 모두 에너지를 소모하고 공해를 배출한다. 연료 소모와 공해 배출은 해안에서 더 멀리 떨어진 양식장이 더 크지만, 두 종류의 양식 모두 대부분의 어선단에 비해서는 에너지 소비율이 더 우수하다. 해상 양식업자가 당장 수익을 올릴 수 있는 유일한 방법은 고가의 생선을 키우는 것이지만, 비용을 낮출 수도 있다. 몇 개의 실험적 양식장이 이미 해상에서 가격 경쟁력 높은 홍합을 키우고 있다.

환경의 차이

소비자에게 더 많은 생선을 제공하는 것이 세계의 단백질 수요를 충족하기 위한 하나의 해답이라면 왜 그냥 더 많은 물고기를 직접 잡지 않을까? 많은 야생 어장은 세계 인구 및 1인당 생선 수요가 급증하는 오늘날 생산의 최대한도에 달했다. 한 예로 북미는 생선을 먹으면 심장병 위험을 줄이는 데 도움이 되고 뇌기능이 향상된다는 건강 전문가들의 조언에 주의를 기울이고 있다.

뿐만 아니라 어선단은 엄청난 양의 연료를 소모하고 상당한 온실가스와 오염물질을 배출한다. 트롤어업이나 형망어업과 같은 무분별한 어법을 광범위하게 사용하면 수백 만 마리의 동물이 죽는다. 연구들을 보면 이 방법으로 수확하는 해양 생물 어획량 중 최소한 절반이 너무 작거나, 할당량을 넘거나, 원하는 어종이 아니라서 버려진다. 이 모든 생물이 의도치 않은 어획물이라는 이유로 배 밖으로 던져져 죽어버린다. 양식을 하면 이러한 낭비가 완전히 사라진다. 심스는 "양식업자는 가두리의 물고기만을 수확한다"고 설명한다.

구디는 자주 간과되는 또 다른 현실을 지적한다. 즉 물고기를 키우는 일이 잡는 일보다 더 효율성 높다는 것이다. 자연산 어류는 사냥, 포식자 회피, 교미와 번식에 엄청난 양의 에너지를 소비하지만 양식 어류는 그에 비해 훨씬 더 효율적으로 순살 식품으로 바뀐다. 양식 물고기는 편한 생활을 하므로 먹는 사료가 대부분 성장에 쓰인다.

코나 블루의 방어와 대부분의 양식 연어는 1년에서 3년 사이에 수확을 하는데, 이는 횟감으로 쓰이는 큰 야생 참치가 성장하는 데 걸리는 시간의 3분의 1에 불과하다. 더 어린 양식 물고기는 성숙한 참치와 황새치를 잠재적인 건강의 위협으로 만들 수 있는 수은과 그 밖의 지속적인 오염물질을 축적할 기회가 자연산에 비해 더 적음을 뜻한다.

실제로 양식 물고기는 이미 사람들이 세계에서 소비하는 해산물의 47퍼센트를 차지하는데, 1980년에는 그 비율이 불과 9퍼센트였다. 전문가들은 2050년에는 양식 물고기가 전체 단백질 공급에서 차지하는 비중이 62퍼센트로 늘어날 수 있다고 예측한다. 세계야생동물기금(이하 WWF)의 양식업부장 호세 빌라론(Jose Villalon)은 "양식업은 분명히 거대하며 계속 존재한다. 그에 반대하는 사람들은 양식업을 정말 이해하지 못하는 것"이라고 말한다. 수산 양식의 병폐만을 보면서 다른 형태 식량 생산의 병폐들과 비교하지 않는다면 현실을 호도하는 것이다. 수산양식은 지구에 영향을 미치며, 아무리 개선하더라도 모든 문제가 다 사라지지는 않을 것이다. 하지만 모든 식량 생산 시스템은 환경에 부담을 주며, 자연산 생선, 소고기, 돼지고기, 가금류 생산자는 환경에 가장 큰 부담을 끼치는 사례들이다.

세계야생동물기금은 좋은 관행을 장려하고 최악의 업자와 구별되는 깨끗한 양식장을 돕기 위해서 양식장위생관리위원회와 공동으로 책임 있는 관행을 위한 세계적 기준을 만들고 그 기준을 준수하는 양식장을 인증하는 독립적인 감사관을 운용하기 위한 자금을 지원하였다. 위원회가 처음 정하는 기준은 2011년 중에 나오리라 예상된다. 위원회는 수천 개 생산자를 직접 단속하려고 노력하는 대신 이 증명 절차를 통해서 세계의 100~200개 대형 해산물 소매업자가 인증된 양식장의 생선을 구매하도록 동기를 부여함으로써 가장 큰 영향을 미칠 수 있으리라고 본다.

해양관리단의 양식업부장 조지 레너드(George Leonard)는 이러한 종류의 양식장-식탁 증명 프로그램이 양식업자가 더 나은 지속 가능한 관행을 추진하도록 장려하는 중요한 방법의 하나라는 데 동의한다. 그는 세계의 모든 업계와 마찬가지로 양식업계에도 천박하고 부도덕한 공급자가 항상 존재할 것이라고 말한다. 규제의 '기초'를 정하기 위해서 '규제가 업자들의 경쟁을 가로막지 않게끔' 미국의 양식업자들이 책임 있게 행동해야 할 것이다.

1-7

그 점이 열쇠이다. 세계의 20개 해상 양식 시설 중 불과 5개만이 미국 수역에 있다. 구디는 미국이 해안 3해리에서부터 200해리 경계까지의 연방 수역을 위한 면허 시스템을 만들면 더 많은 양식업자가 사업에 뛰어들 것으로 본다. 그는 "양식장을 운영하기 위한 차용권을 승인하는 법규가 없기 때문에 투자자들이 미국 기업으로 돌아오지 않고 있다"고 주장한다. 모든 미국 양식장은 주정부가 통제하는 폭 3마일(5.6 킬로미터)의 해역 안에 있고, 하와이와 같은 몇 개 주정부만이 그 권리를 허용한다. 캘리포니아는 주정부의 수역 중 1퍼센트 미만을 이용하는 지속 가능한 해상 양식업이 연간 최대 10억 달러를 벌 수 있으리라고 추산하지만 아직 허가를 승인하지는 않았다.

단백질 정책

양식업의 성장, 나아가 지속 가능한 성장을 위해서는 적절한 정책과 더 공정한 경쟁의 장이 필요하다. 현재 확실한 의지를 가진 정부는 트롤어선과 형망어선이 해저의 파괴자이고 끔찍할 정도로 많이 불필요한 살생을 저지른다는 점을 잘 알면서도 그들이 생존할 수 있도록 보조금을 지급하고 있다. 농업 보조금은 소고기, 돼지고기, 가금류 생산의 수익성을 유지하는 데 도움을 준다. 그리고 질소 함량이 많은 비료가 미시시피 강으로 유출되는 양을 줄이려는 노력은 농업계의 강력한 로비로 인해 계속 방해받고 있다. 브룩은 "식량을 생산하는 이러한 보다 전통적인 방법 가운데 수산양식만큼 철저한 조사 대상이 된 경우는 거의 없다"고 말한다. 대중은 육상 사육은 인정했지만 해양은 야생의 영역으로 남겨두어야 한다고 여전히 생각한다. 이러한 불공평한 생각이 세계를 먹이기 위한 최선의 지속 가능한 계획이 아닐지라도 말이다.

연방정부와 지방 수준의 정책 변화로 인해 미 연방 수역이 곧 개방될지도 모른다. 2009년 1월에 멕시코 만 어장관리위원회는 관할구역 내에 해상 양식장을 허용하는 전례 없는 계획을 지지한다는 투표를 했고, 미국 해양대기관리처(이하 NOAA) 내에서 더 상위 수준의 승인을 기다리고 있다. NOAA는 새로운 국가적 수산양식 정책을 확정한 이후에나 이 계획을 평가할 텐데, 새 정책은 모든 형태의 업계를 다룰 것이고 아마 상업적 활동을 통제하는 국가 차원의 일관적인 기초를 개발하기 위한 지침을 포함할 것이다. NOAA 처장 제인 루브첸코(Jane Lubchenco)는 "녹색혁명의 실수를 되풀이하는 청색혁명은 원치 않는다"고 말한다. "일이 잘못되어서는 안될 만큼 너무 중요하며, 잘못되는 길은 아주 많이 있다."

단백질 섭취 수요가 엄청나게 급증하고 있으므로, 사회는 어디에서 훨씬 많은 단백질 생산을 해낼지에 관해 어려운 결정을 해야 한다. 루브첸코는 "본인의 목표 중 하나는 사람들이 식품 안전을 이야기할 때 단지 곡물과 가축을 의미하는 것이 아니라 어장과 수산양식도 의미하는 상황으로 바꾸는 것이었다"고 말한다. 두아르테는 땅에서 부담을 다소 줄이고 이를 바다로 돌리자고 제안하면서, 앞으로 40년 후에 바다에서는 잘했어야 했다고 후회하면서 과거를 되돌아보지 말고 지금부터 양식을 올바르게 할 기회를 살리자고 말한다.

닐 심스는 청색 식량 혁명을 위해, 기술 업체들에게 업그레이드를 부탁하고 있다. 로봇 그물 청소기, 자동 사료 공급기, 물고기의 건강과 가두리의 피해를 모니터하는 위성 통제 비디오카메라 같은 도구들이 원거리에서 해상 양식장을 관리하는 코나 블루의 직원들을 도울 것이다. 심스는 "바다에서 더 많은 물고기를 키우기 위한 것만이 아니니"라고 말한다. "더 많은 물고기를 더 잘 키우기 위해서이다."

1-8 수직농장의 등장

딕슨 데포미에

세계의 68억 인구가 식량을 키우고 가축을 기르기 위해 사용하는 땅을 합치면 그 넓이가 남아메리카와 같다. 놀라운 면적이다. 그리고 인구통계학자들은 2050년에는 지구에 95억 인구가 살 것이라고 예측한다. 우리 개개인에게 하루 최소 1,500칼로리가 필요하므로, 농업을 현재와 같은 방법으로 계속한다면 전 세계는 브라질 정도의 크기에 해당하는 21억 에이커(850만 제곱킬로미터)의 면적을 더 경작해야 할 것이다. 그 정도로 많이 새로 경작할 수 있는 땅은 전혀 없다. 미국의 위대한 유머 작가 마크 트웨인(Mark Twain)을 인용해보면 이렇다. "땅을 사라. 땅은 더 이상 아무도 만들지 않는다."

또한 농업은 세계에서 관개하여 쓸 수 있는 담수의 70퍼센트를 사용하고 비료, 살충제, 제초제와 토사로 오염시켜 먹을 수 없는 물로 만든다. 현재 추세가 계속된다면 인구밀도가 높은 몇몇 지역에서는 안전한 식수를 얻을 수 없을 것이다. 농업에는 화석연료도 많이 든다. 미국에서 소비되는 전체 휘발유와 디젤유의 20퍼센트가 농업에 쓰인다. 그로 인한 온실가스 배출이 물론 큰 문제지만, 식량 가격과 유가가 연동하는 것도 역시 문제이다. 이 문제 때문에 2005년에서 2008년 사이에 세계 대부분 지역에서 식비가 두 배 가까이 뛰었다.

일부 농학자들은 훨씬 더 집중적인 산업화 농업에 그 해결책이 있다고 본다. 산업화 농업은 그 수가 점차 줄고 있고 더 높은 수확률로 작물을 키우는 고도로 기계화된 농업조합들이 수행한다. 이곳은 수확률이 보다 높은데, 유전자 변형 및 더 강한 농약을 사용한 결과이다. 이러한 해결책을 이행하더라도 잘해야 단기적 처방일 뿐인데, 그 이유는 기후가 계속 빠르게 변화해서 농업 지형을 바꾸고 가장 정교한 전략조차도 무력화하기 때문이다. 오바마 행정부가 취임한 직후 에너지부 장관 스티븐 추(Steven Chu)는 기후변화로 인해 이번 세기 말까지 캘리포니아의 농업이 완전히 붕괴될 수도 있다고 대중에게 경고했다.

더욱이 우리가 단지 새 농지를 만들기 위해 산림 파괴를 계속한다면 지구 온난화가 훨씬 파멸적인 속도로 가속화될 것이다. 그리고 훨씬 더 많은 농업 유출물이 나오면 많은 수중 데드존이 생겨서 대부분의 강어귀와 심지어 바다의 일부도 척박한 불모지로 바뀔 수 있다.

이 모두로도 걱정하는 데 충분하지 않다는 듯이, 전 세계에서 식품매개 질병이 상당한 수의 죽음을 초래한다. 살모넬라, 콜레라, 대장균, 이질균은 그중 불과 몇 가지 예에 지나지 않는다. 더욱 큰 문제는 말라리아와 주혈흡충병과 같이 생명을 위협하는 기생충 감염이다. 뿐만 아니라 동남아시아 대부분, 아프리카의 여러 지역, 상업용 비료가 너무 비싼 중미와 남미에서 인간의 분변을 비료로 쓰는 흔한 관행은 기생충 감염 확산을 촉진하며 현재 세계에서 25억 명의 사람들이 피해를 입고 있다.

분명히 근본적인 변화가 필요하다. 한 가지 전략 변화만으로도 위에 언급

미래를 먹이기 : 충분치 않은 땅

68억 명의 인구를 위한 식량 재배와 가축 사육을 위해서는 남아메리카 크기의 땅이 필요하다. 전통적인 농업을 계속한다면 2050년에는 브라질 크기의 면적이 더 필요할 것이다. 그렇게 많은 경작 가능 토지는 존재하지 않는다.

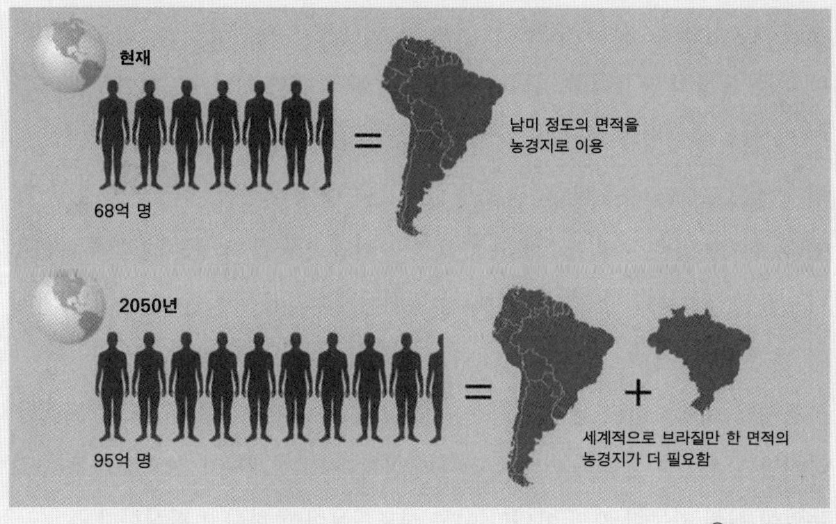

한 거의 모든 질병을 퇴치할 수 있다. 즉 작물을 엄격히 조건이 통제된 실내, 즉 수직농장에서 기르는 것이다. 현재 빈 도시 부지에 세운 고층 건물과 커다란 다층 옥상의 온실에서 자라는 작물들은 물을 훨씬 덜 쓰고, 폐기물을 조금만 만들며, 전염병 위험이 적고, 화석연료를 사용하는 기계도 안 쓰고 먼 지방의 농장으로부터 수송해 올 필요가 없이 1년 내내 식량을 생산할 수 있을 것이다. 수직농업은 우리 스스로와 앞으로 늘어날 인구를 먹이는 방법에 혁신을 일으킬 수 있다. 음식도 더 맛있어질 것이다. '지역에서 자란' 식품이 일반적이 될 것이다.

필자가 설명하려는 작업 기록은 처음에는 터무니없이 들릴지도 모르겠다. 하지만 필요한 기술들을 면밀히 조사한 공학자, 도시계획가, 농학자들은 수직농업이 실현 가능할 뿐만 아니라 이를 시도해보아야 한다고 확신한다.

해치지 말라

온전한 산림과 대초원을 만드는 데 쓰일 땅에서 식량을 키우는 것은 지구를 죽이고 우리 자신의 멸종을 예비하는 일이다. 최소한의 요구 사항은 의사들의 신조를 변형한 것이 되어야 한다. "해치지 말라." 이 경우에는 지구를 더 이상 해치지 말라는 뜻일 터이다. 인간은 예전에는 거대한 역경을 정복하고 일어서 왔다. 1800년대 중반 찰스 다윈(Charles Darwin)의 시대와 그 이후, 인구 증가로 인해 지구 종말이 온다는 맬서스(Malthus)의 예측이 대두될 때마다 일련의 기술적 돌파구들이 생겨서 우리를 구원하였다. 모든 종류의 농기계, 향상된 비료와 살충제, 더 높은 생산성과 병해 저항성을 위해 인공수정된 식물, 그리고 흔한 가축 질병을 위한 백신과 약들 모두가 증가하는 인구가 생존하는 데 필요한 것보다 더 많은 식량을 얻을 수 있도록 해주었다.

많은 곳에서 농업으로 인해 땅이 생존성 있는 작물을 뒷받침할 능력을 넘어서까지 혹사된다는 사실이 분명해진 1980년대까지는 그랬다. 농약으로 인해 온전한 생태계가 스스로를 유지하는 데 사용하는 영양소의 자연적 회복 주기가 파괴되었다. 생태학적으로 더 지속 가능한 농업기술로 전환해야만 한다.

유명한 생태학자 하워드 오덤(Howard Odum)은 다음과 같이 논평했다고 한다. "자연은 모든 답을 가지고 있는데, 자 여러분의 질문은 무엇인가?" 필자의 질문은 이렇다. 어떻게 우리 모두가 잘 살면서 그와 동시에 세계 생태계의 생태적 복원이 가능하도록 할 수 있는가? 유엔식량농업기구의 당국자에서부터 지속 가능한 환경론자와 2004년 노벨 평화상 수상자인 왕가리 마타이(Wangari Maathai)에 이르는 많은 기후 전문가들은 농지를 자연적인 초지나 숲의 상태로 환원하는 것이 기후변화를 늦추는 가장 쉽고 직접적인 방법이라는 데 동의한다. 초지나 숲은 온실가스에서 가장 많은 비중을 차지하는 이산화탄소를 자연적으로 공기로부터 흡수한다. 땅을 내버려두면 땅이 지구를 치유할 수 있다.

사례는 풍부하다. 1953년 한국전쟁 이후 생긴 남북한 사이의 비무장지대는 심각하게 상처를 입은 폭 2.5마일(4킬로미터)의 땅이었지만, 오늘날은 무성하고 활기차며 완전히 회복되었다. 이전 동독과 서독을 분리한 헐벗은 회

랑도 지금은 푸르다. 1930년대에 과잉 영농과 가뭄 때문에 척박해진 미국 더스트볼(dust bowl)* 지역은 다시금 미국의 곡창지대 중 매우 생산성 높은 지역이 되었다. 그리고 뉴잉글랜드 전체는 1700년대 이후 최소한 세 차례 모두베기를 했지만 지금은 건강한 견목의 드넓은 고향이자 북쪽 수림대가 되었다.

*모래바람이 자주 생기는 미국 로키 산맥 동쪽의 대초원 지대. 1930년대에 사막화 현상으로 황폐화된 적이 있다.

전망

점차 늘어난 세계의 사람들에게는 이제 여러 이유로 대체 농법이 필요하다. 하지만 격리된 고층 건물이 현실적 대안일까?

그렇다. 부분적으로는 식량을 실내에서 재배하는 일이 이미 흔해졌기 때문이다. 점적관개, 공중재배, 수경재배의 세 가지 기술이 전 세계에서 성공적으로 쓰였다. 점적관개에서는 식물 뿌리가 질석처럼 여러 해 사용할 수 있는 가벼운 비활성 재료로 만든 수조에서 물을 받고, 식물에서 식물로 연결된 작은 관에서 각 줄기의 밑동에 영양소를 담뿍 담은 물을 정확하게 떨어뜨림으로써 전통적인 관개 방식에서 낭비되는 엄청난 양의 물을 절약한다. 1982년에 휴빅(K. T. Hubick)이 개발하고 후에 나사(NASA)의 과학자들이 개선한 공중재배 방식은 공중에 매달린 식물에 수증기와 영양소를 주입하며 토양도 필요가 없다.

농학자인 윌리엄 게리크(William F. Gericke)는 1929년에 현대식 수경재배를 개발하여 명성을 얻었다. 식물은 뿌리가 토양이 없는 수조에 담기도록 고정되고, 영양소를 녹인 물이 식물들 사이를 순환한다. 2차 대전 중 남태평양의 섬들에서 그 지역 연합군을 위해 800만 파운드(3,629톤) 이상의 채소가 수경재배로 생산되었다. 현재의 수경재배 온실은 실내 농업의 원칙을 증명하고 있다. 즉 작물을 연중 계속 생산할 수 있고, 수확물 전체를 자주 망치는 가뭄과 홍수를 피하고, 이상적인 재배와 성숙 조건 덕분에 수확률이 최대화되며, 인간 병원균이 최소화된다.

가장 중요한 점으로서, 수경재배에서는 재배자가 토양, 강수량, 온도와 같은 실외 환경 조건을 걱정하지 않고 사업장 위치를 선택할 수 있다. 실내 농업은 적절한 물과 에너지를 공급할 수 있는 모든 곳에서 이루어질 수 있다. 영국, 네덜란드, 덴마크, 독일, 뉴질랜드, 그 밖의 나라들에서 상당한 규모의 수경재배 시설을 볼 수 있다. 대표적인 예는 애리조나 사막에 있는 318에이커(1.29제곱킬로미터) 크기의 유로프레시 농장(Eurofresh Farms)으로서, 이곳에서는 대량의 고품질 토마토, 오이, 후추를 1년에 12개월 동안 쉬지 않고 생산한다.

다만 이 업체들은 대부분 땅값 부담이 없는 교외에 자리한다. 식품을 멀리 수송하면 비용이 추가되고, 화석연료를 소비하며, 이산화탄소를 배출하고, 상당히 부패가 된다. 온실농업을 도시 지역 내의 더 높은 건물로 옮기면 이러한 남은 문제들을 해결할 수 있다. 필자는 30층 정도 높이의 건물들이 도시의 한 블록 전체를 차지한 모습을 상상해본다. 이 정도 규모라면 수직농장이 진정으

최대 수확률

수직농장의 대부분의 층에서는 자동화된 컨베이어가 새싹을 한 쪽 끝에서 다른 쪽 끝으로 움직여서 작물이 그 길을 따르면서 성숙하고 수확 기계에 도달할 때는 곡물이나 채소를 생산하는 정점이 될 수 있도록 할 것이다. 물과 조명은 각 단계에서 성장에 최적화되도록 맞춤형으로 제공될 것이다. 비식용 식물 성분은 활송장치를 통해 지하층에 있는 발전용 소각로로 낙하시킬 것이다.

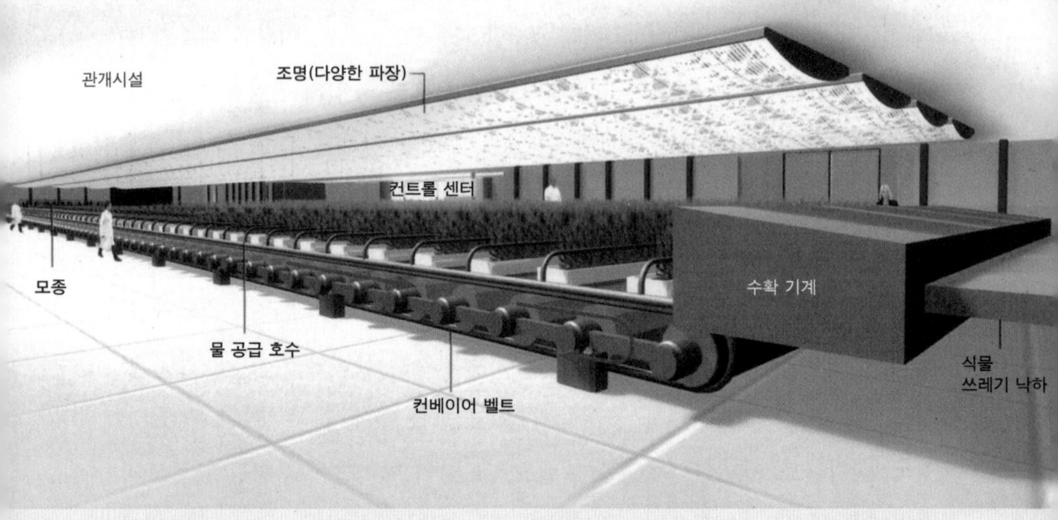

© Kevin Hand

로 지속 가능한 도시 생활을 약속할 수 있을 것이다. 도시 폐수를 재활용해서 관개용수로 제공하고, 나머지 고형 폐기물은 비식용 식물 성분과 함께 소각해서 농장에 전기를 제공하는 터빈을 돌리는 증기를 만들어낼 것이다. 현재 기술로도 다양한 식용작물을 실내에서 키울 수 있다. 가까운 양식장에서는 물고기, 새우, 연체동물을 키울 수 있다.

창업 보조금 및 정부 후원 연구소들이 수직농업을 활성화하도록 돕는 것도 한 가지 방법이다. 카길(Cargill), 몬산토(Monsanto), 아처 대니얼스 미들랜드(Archer Daniels Midland), 아이비엠(IBM)과 함께하는 산학협동도 적절할 것이다. 두 방식 모두 여러 농업, 공학, 건축학 학교의 엄청난 인재 자원을 활용하며, 높이 5층에 건축 면적 1에이커(4,047제곱미터) 정도 시범 농장으로 이어질 수 있다. 이 시설들은 온전히 기능하는 농장이 나타나기 이전에 대학원생, 연구원, 공학자들이 필요한 시행착오를 시험할 '놀이터'가 되어줄 것이다. 더 신중한 방법으로는 아파트 단지, 병원, 학교의 옥상 농장도 시험장으로 활용할 수 있다. 연구 시설은 이미 여러 학교에 있으며 여기에는 캘리포니아 대학교 데이비스 캠퍼스, 펜실베이니아 주립대학교, 러트거스 대학교, 미시건 주립대학교, 유럽 및 아시아의 학교들이 포함된다. 가장 잘 알려진 곳 중 하나는 애리조나 대학교의 진 자코멜리(Gene Giacomelli)가 운영하는 환경조절농업센터이다.

식량 생산을 도시 생활과 통합하는 것은 도시 생활을 지속 가능하게 만들기 위한 커다란 한 걸음이다. 새 산업은 성장할 것이며, 묘목관리사, 재배사,

수확사처럼 이전에는 상상할 수 없던 도시의 일자리들도 성장할 것이다. 그리고 자연은 우리가 입힌 피해에서 회복될 수 있을 것이다. 전통적인 농부들은 풀과 나무를 기르도록 권장되고 탄소 격리에 대한 보상을 받을 것이다. 궁극적으로 거대한 목재 공업에서 선별 벌목이 일반화될 것이며 최소한 미국 동부 절반 전체에서 그렇게 될 것이다.

현실적인 문제

최근 몇 년간 필자는 수직농장에 관해 자주 이야기해왔는데, 대부분의 경우에는 사람들이 두 가지 현실적인 문제를 제기한다. 우선 회의론자들은 시카고, 런던, 파리와 같은 도시의 부동산 가치가 자주 폭등하는 상황에서 이 개념이 어떻게 경제적으로 타당할 수 있는지 의문을 던진다. 시내의 상업 지역은 가격이 적당하지 않을지 모르겠지만, 모든 대도시에는 비선호 지역이 많고 그런 곳들은 대체로 절실한 수익을 가져다 줄 프로젝트를 갈망한다.

한 예로 뉴욕 시에는 플로이드 베넷 필드(Floyd Bennett Field) 해군기지 자리가 묵고 있다. 이 터는 1972년에 폐쇄된 2.1제곱마일(5.4제곱킬로미터) 넓이의 지역으로, 현재는 쓰일 곳을 간절히 찾고 있다. 또 다른 넓은 지역은 거버너스 섬으로, 이곳은 뉴욕 항에 있는 172에이커(0.7제곱킬로미터) 넓이의 구역으로서 최근 미 정부가 시에 반환하였다. 맨해튼 한가운데에서 활용도가 낮은 장소는 33번가 조차장이다. 그 밖에도 일반적인 공터와 폐건물들이 도시에 산재한다. 몇 년 전에 필자의 대학원생들이 뉴욕시의 다섯 개 자치구를 조사했다. 그 결과 개발을 기다리는 버려진 땅을 120개 이상 발견했고 그중 많은 곳이 이를 가장 필요로 하는 사람들, 즉 도심지 빈민에게 수직농장이 되어 줄 수 있을 것이다. 전 세계의 도시에는 비슷한 장소들이 수없이 많다. 그리고 다시 언급하자면 옥상은 어디에나 있다.

수직농장 개념에 관해서는 간단한 산수가 그 현실성을 입증하는 데 실제로 도움이 된다. 맨해튼의 일반적인 한 블록은 넓이가 약 5에이커(2만 200제곱미터)이다. 비판자들은 따라서 30층 건물이면 총면적이 불과 150에이커(0.6제곱킬로미터)에 불과하므로 대규모 야외 농장과는 비교가 안 된다고 말한다. 하지만 수직농장에서는 연중 재배가 이루어진다. 한 예로 상추는 6주마다 수확할 수 있고, 옥수수나 밀처럼 심기부터 거두기까지 3~4개월이 걸리는 느리게 자라는 작물도 연간 3~4회를 수확할 수 있다. 더욱이 나사(NASA)를 위해 개발된 난장이옥수수는 일반 옥수수에 비해 공간이 훨씬 덜 들고 불과 2~3피트(60~90센티미터) 정도만 자란다. 난장이밀도 키는 작지만 영양가는 높다. 따라서 작물을 더 조밀하게 키워서 단위면적당 수확률을 두 배로 높일 수 있고, 한 층마다 난장이 작물을 여러 층으로 키울 수 있다. 어떤 수경재배 작물에는 이미 '적층식(Stacker)' 재배기를 사용한다.

이러한 요소들을 개략적으로 합하면, 수직농장의 각 층이 4모작을 하고, 작물 밀도가 2배이고, 건물 한 층당 2겹으로 재배를 하면 16배(4×2×2)가 된다. 따라서 도시의 한 블록을 차지하는 30층 건물은 한 해에 2,400에이커(9.7제곱킬로미터)에 해당하는 식량을 생산할 수 있다.(30층×5에이커×16) 마찬가지로

고층 작물 재배

30층짜리 수직농장은 여러 층에서 다양한 재배 기술을 활용할 것이다. 태양전지 및 각 층에서 투하되는 식물성 폐기물이 전력을 생산할 것이다. 정화된 도시 폐수는 자연환경에 버리는 대신 식물에 물을 댈 것이다. 태양과 인공 조명이 빛을 제공할 것이다. 반입되는 씨앗은 실험실에서 시험하고 묘목장에서 싹 틔울 것이다. 그리고 식료품점과 식당은 신선식품을 대중에게 직접 팔 것이다.

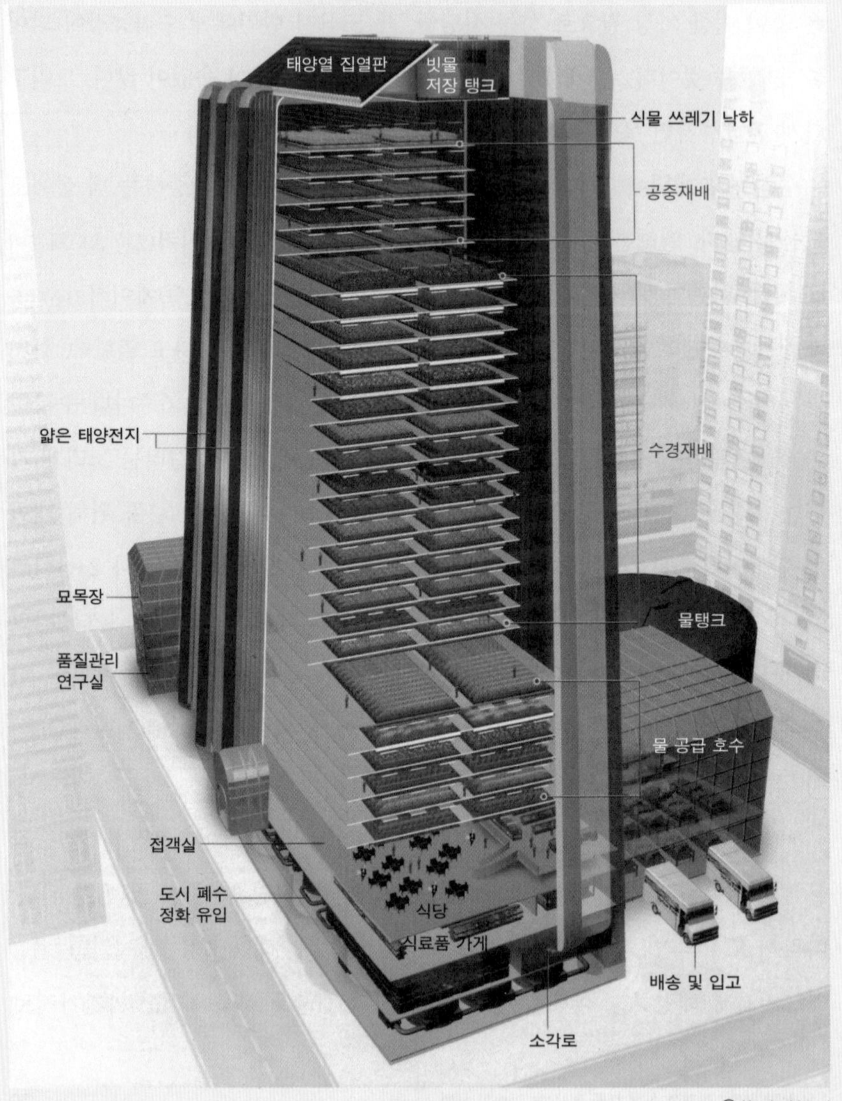

© Kevin Hand

1에이커의 병원이나 학교 옥상 한 층에만 작물을 심어도 구내식당에서 소비할 식량 16에이커(6만 4,750제곱미터) 분량을 수확할 수 있다. 물론 24시간 조명을 하면 성장을 더 가속할 수 있지만, 그것까지 계산에 넣진 않았다.

기타 요소들이 이 수치를 증폭시킨다. 해마다 가뭄과 홍수가 한 주 전체의 작물을 망치는데 특히 미국 중서부에서 그렇다. 뿐만 아니라 연구들을 보면 수확되는 작물의 30퍼센트가 보관 및 수송 중에 부패와 벌레 때문에 버려지는데, 도시 농장에서는 수요가 풍부해서 식품이 사실상 실시간으로 현지에서 판매되므로 그러한 손실이 대부분 없어질 것이다. 그리고 비료 유출, 화석연료 공해 배출, 나무와 초원의 상실과 같은 야외 농업의 엄청난 피해가 대부분 사라질 것임도 잊지 말자.

필자가 자주 질문 받는 두 번째 문제는 대규모 수직농장에 에너지와 물을 공급하는 경제성과 관련된다. 이 점에 관해서는 역시 장소가 가장 중요하다. 아이슬란드, 이탈리아, 뉴질랜드, 남부 캘리포니아, 동아프리카의 일부 지역에 있는 수직농장은 풍부한 지열 에너지를 활용할 것이다. 태양이 뜨거운 사막 환경, 즉 미국 남서부, 중동, 중앙아시아의 여러 지역은 성장 및 전력 생산을 위한 광발전을 위해서 자연광을 최대화하기 위해 실제로 폭 50~100야드(45~90미터)에 길이는 수 킬로미터인 2~3층 구조물을 사용할 것이다. 꾸준히 바람이 부는 축복을 받은 지역들, 즉 대부분의 해안 지역 및 미국 중서부 지역에서는 풍력을 이용할 것이다. 그리고 모든 곳에서, 수확한 작물에서 나오는 식물성 폐기물을 소각해서 전기를 만들거나 바이오연료로 변환할 것이다.

1-8

자주 간과되는 한 가지 자원도 매우 가치가 있다. 실제로 지역사회는 이를 단지 안전하게 없애려 엄청난 양의 에너지와 돈을 쓴다. 보통 블랙워터(blackwater)라고 하는 액체 도시 폐기물이다. 뉴욕시 주민은 매일 10억 갤런(38억 리터)의 폐수를 배출한다. 뉴욕시는 폐수를 정화하고 그로 인해 만들어지는 '그레이워터(gray water)'를 허드슨 강으로 방류하기 위해서 엄청난 금액을 소비한다. 그 대신 그 물로 수직농장에 물을 댈 수 있다. 한편 에너지가 풍부한 고체 부산물을 소각할 수도 있다. 무게가 0.5파운드(230그램)인 일반적인 배변 하나는 봄베 열량계(bomb calorimeter)에서* 소각해보면 300킬로칼로리의 에너지가 나온다. 뉴욕시의 주민 800만 명을 바탕으로 추론하면 이론상 인간 배설물만으로 1년에 최대 1억 킬로와트시의 전기를 얻을 수 있는데, 이는 30층짜리 농장 건물 43개를 운영하기에 충분하다. 만약 이 원료를 유용한 물과 에너지로 변환할 수 있다면 도시 생활이 훨씬 더 효율적이 될 수 있을 것이다.

*단열 처리된 통 속의 연소실에서 물체를 연소시키면서 발생하는 열량을 측정하는 장치.

실험을 통해 다양한 시스템을 최선으로 통합하는 방법을 찾아야 하므로 선투자 비용은 높을 것이다. 이 비용 때문에 더 작은 시제품을 먼저 만들어서 그곳에서 새로운 기술을 응용해보아야 한다. 현지에서 재생에너지를 생산하는 것이 농장을 일구고, 작물을 심고, 수확하는, 그리고 많은 오염물질과 온실가스를 배출하는 대형 기구들을 위해 비싼 화석연료를 사용하는 것보다 더 많이 비싸지 않다는 점이 입증되어야 한다. 운영 경험을 얻기 전에는 수직농장이 얼마나 수익성이 있는지 예측하기 힘들 수 있다. 물론 현재의 슈퍼마켓 가격보다 덜 비싼 가격을 얻는 것이 또 다른 목표인데, 지역에서 키운 식품은 아주 멀리 수송할 필요가 없으므로 이 목표는 대체로 가능해 보인다.

희망사항

필자가 수직농장에 대해 개략적인 생각과 개요를 간단한 웹사이트(www.verticalfarm.com)에 처음 발표한 지 5년이 지났다. 그 후 건축가, 공학자, 설계자, 주류 기관이 점차 주목을 했다. 현재는 많은 개발자, 투자자, 시장, 도시계획가가 이 개념의 지지자가 되었고 시제품 고층 농장을 실제로 건설하자는 강한 희망을 피력하였다. 뉴욕시, 오리건 주 포틀랜드, 로스앤젤리스, 라스베이거스, 시애틀, 브리티시컬럼비아 주 서리, 토론토, 파리, 방갈로르, 두바이, 아부다비, 인천, 상하이, 베이징의 계획자들이 필자와 접촉하였다. 일리노이 공과대학교가 현재 시카고를 위한 세부 계획을 만들고 있다.

이들 모두는 다음 세대를 위해 믿을 수 있는 식량 공급을 확보하려면 곧 무언가를 해야만 한다는 점을 깨닫고 있다. 이들은 비용, 투자수익률, 에너지 및 물 사용, 잠재적인 작물 수확률과 관련된 어려운 질문들을 한다. 또한 시간이 흐르면서 습도로 인해 부식되는 대들보 구조, 물과 공기를 모든 곳으로 퍼 올리기 위한 동력, 그리고 규모의 경제를 걱정한다. 자세한 답변을 위해서는 공학자, 실내농학자, 사업가들이 많은 정보를 제공해야 할 듯하다. 아마도 신예 공학자와 경제학자들은 이 평가를 시작하고 싶을 것이다.

1-8

웹사이트 덕분에 수직농장 방안은 현재 대중의 손에 있다. 그 성공과 실패는 오직 시제품 농장을 만드는 사람들의 역할이며 그들이 얼마나 많은 시간과 노력을 투입하는지에 달려 있다. 애리조나 주 투손 외곽에 있으며 1991년에 처음으로 여덟 명이 거주했던 악명 높은 바이오스피어(Biosphere) 2 폐쇄생태계 프로젝트는* 피해야 할 접근방식의 최고 사례이다. 이 프로젝트는 건물이 너무 컸고, 검증된 시범 프로젝트가 없었으며, 거대한 기초의 시멘트가 얼마나 많은 산소를 흡수할지를 전혀 몰랐다.(현재는 애리조나 대학교가 이 구조물의 잠재성을 재검사할 권한을 갖고 있다.)

*외부와 격리 및 밀폐된 인공 생태계를 만들기 위한 실험이었으나 실패로 끝났다.

수직농업이 성공하려면 계획자들이 이러한 실수 및 그와 관련된 불운들을 피해야 한다. 좋은 뉴스가 있다. 런던에 본사가 있는 국제 설계 및 엔지니어링 회사인 에이럽(Arup)의 세계계획이사 피터 헤드(Peter Head)와 같은 저명한 생태공학 전문가에 따르면 크고 효율적인 도시 수직농장을 건설하기 위해서 새로운 기술은 필요 없다고 한다. 많은 열광적 지지자들은 묻는다. "무엇을 기다립니까?" 그들에게 해줄 마땅한 답은 없다.

2

유전자 변형 작물이 구원이 될까?

2-1 유전자 변형 식품의 장단점

사샤 네메체크

사샤 네메체크가 진행한 인터뷰

유전공학계에서 저명한 두 명이 유전자 변형(genetically modified, 이하 GM) 식품의 필요성에 관해 이야기하는 인터뷰를 여기에 담았다.

1부는 로버트 호르시(Robert B. Horsch)와의 대화로, 그는 원고 작성 당시 몬산토의 국제개발협력 부사장이었다. 현재는 게이츠 재단에 있다.

ㅇ 식물의 유전자 변형에 어떻게 관심을 갖게 되었는지?

- 식물에 강한 관심이 생겨서 이 분야를 시작했지만 농업에 대한 학술적 관심이라고도 볼 수 있다. 분자생물학이라는 새로운 도구로 식물을 유전적으로 개선할 수 있다면 생명공학과 농업을 접목할 방법을 찾아낼 수도 있겠다는 애매하고 순진한 생각에서 시작했다.

  그리고 이제 그렇게 되었다. 생명공학은 더 적은 땅에서 더 적은 자원을 소비하거나 수자원과 생물다양성에 피해를 덜 입히면서 더 많은 식량을 생산할 수 있도록 해주는 뛰어난 도구이다. 생명공학은 급증하는 식량 및 기타 농산물 수요를 충족하도록 돕는 데 적절할 뿐만 아니라 필수적이라고 확신한다. 더 많은 인구에 늘어나는 수입이 결합되면 향후 25년 동안 식량 수요가 최소 50퍼센트 증가할 것이다.

ㅇ 하지만 유전자 변형 식품의 비판자들은 업체들이 제품을 그냥 넘겨주지는 않을 것이라고 지적한다. 몬산토와 같은 회사가 개발도상국의 농부들을 위해 생명공학을 저렴하게 제공할 수 있는가?

- 상업 시장 구축과 개발도상국들을 돕기 위한 기술 응용은 완전히 상호 배타적이지는 않다. 매우 효과적인 한 가지 방법은 시장을 여러 영역으로 나누는 것이다. 하나는 순수한 상업 시장이다. 이는 영리 업체를 위한 영역으로서, 제품 그리고 제품을 판매할 수 있고 수익을 낼 수 있다고 보이는 지역의 시장 개발에 투자하는 것이 경제적으로 타당한 시장을 말한다. 2005년에는 생명공학 작물을 키우는 850만 명의 농부 중 90퍼센트 이상이 개발도상국의 소농이었다. 상업적 확장은 불과 몇 년 전에 예상했을 만한 수준에 비해 개발도상국들에서 더 성공적이었다.

  한편 내가 과도기적 시장이라고 부르는 또 다른 영역이 있는데, 생명공학의 경험은 더 적지만 장기적으로는 더 강력하고 시장 개척 노력을 할 만한 수익성이 기대되는 곳이다. 우리는 수확률이 높은 잡종 옥수수와 같은 기존의 비생명공학 제품에서도 이러한 접근 방식을 사용했었는데, 미래에 생명공학 제품에서도 이 방법을 사용할 수 있다고 본다. 소농들은 시범적 영역에서 결과를 볼 수 있고, 원한다면 각자의 농장 한 부분에서 직접 시도를 해볼 수 있다. 그렇게 해서 효과가 있다면 다음 해에는 이를 확대하거나 반복할 수 있을 것이다. 우리는 멕시코, 인도, 아프리카 지역에서 이와 같은 프로그램을 운영하고 있다. 잘된다면 3~4년 후엔 농부들이 실험적 단계에서 충분한 돈을 벌고 근본적으로 각자 직접 운영할 수 있게 될 것이다.

ㅇ 그러면 몬산토의 수익은 어떻게 되는지?

- 우리는 씨앗과 제초제를 시장가로 판매하고 유통망 교육, 시험, 개발에 보조금을 지급하며 첫 몇 년 간은 실제 수익을 내지 않는다. 프로젝트가 자립할 정도로 충분히 성공적일 때만 수익을 내기 시작할 것이다. 2006년 현재 멕시코, 인도, 남아공에서의 공동개발 프로젝트는 몬산토와 농부들을 위한 자립 시장으로서 성공적으로 이행되었다. 사하라 이남 아프리카에서는 제품이 농부의 손에서 잘 자라고 있지만, 규제 상의 허용량과 시장 기반이 더 느리게 발달하고 있어서 여전히 협조적 도움이 필요하다.

ㅇ GM 작물이 환경에 미치는 영향을 얘기해보자. 이 기술의 가장 중요한 이득이 무엇이라고 보는가?

- 살충제 사용을 줄이는 것이 사람들이 즉시 공감하는 환경적 이익이며, Bt 목화와 같은 제품에서 그 이익이 크다.(Bt 작물이란 특정한 해충을 죽이는 세균 단백질을 생산하도록 유전적으로 변형된 작물을 말한다.-편집자 주) 최근의 보고에 따르면 미국에서 1996년에서 2004년 사이에 내충성 작물을 재배하면서 3억 8000만 파운드(17만 2,000톤)의 살충제가 쓰이지 않았고 앞으로 농

지와 형질에도 생명공학이 확산되면 사용량이 더욱 감소할 것이다.

그 이외에 수확량 이익도 있다. 현재 Bt 옥수수는 살충제를 완전히 대체하지는 않지만 눈에 띌 정도로 수확률을 높인다. 연도와 지역에 따라 다르지만, 수확률 증가는 5~15퍼센트 범위가 될 수 있다. 어떤 경우든 똑같은 자원을 사용해 더 많은 옥수수를 수확한다.

품질이 나쁘고 야생동물 서식지로 환원된 땅은 논외로 하더라도, 정말 좋은 농지에서 더 많은 수확을 하면 환경에 매우 이롭다. 화학물질을 사용하고, 수로를 변경하고, 황야를 개간해서 농지로 바꾸고, 농지를 무분별하게 확장하고, 산업폐기물을 생산하는 낡은 관행을 계속해서 무한정 확대할 수는 없다.

ㅇ 우리가 처음 들은 생명공학의 이익 중 하나는 영양 강화식품이다. 하지만 더 건강한 브로콜리를 먹을 가능성이 있음에도 불구하고 Bt 옥수수는 문제가 된다. 유명한 '황금쌀'은* 아직 소비자가 구할 수 없고 초기 시험 단계이다. 영양 강화식품이 가능성은 있는가?

*비타민A 성분을 강화한 유전자 변형 품종으로, 노란빛을 띠어서 황금쌀이라고 불린다.

- 업계, 학계, 비영리단체 전반에서 진전이 있다고 알고 있다. 지방산을 소비자에게 더 유익한 식물성 기름으로 바꾸려는 노력이 진행 중이다. 몬산토와 다른 업체들은 재래식 육종법으로 만든 건강에 더 좋은 기름을 상용화했고, 개선된 생명공학 기름의 상용화를 궤도에 올렸다. 건강에 더 좋은 이

기름은 포화지방이* 매우 낮은 식품을 생산하도록 설계되었다. 그 밖의 연구로는 오메가-3 지방산이 풍부한 식용작물 생산 방법이 있다. 생명공학 기름 종자를 포함한 이 제품들은 소비자의 심장 건강을 향상시킬 또 다른 방법이 될 것이다. 이 프로젝트의 목표는 현재의 다른 대안들에 비해서 아주 맛있는 식품을 만들기 더 쉬운 특성을 지닌 저렴한 육상 재배용 재생 가능 기름 섭취원을 만드는 것이다.

*모든 탄소가 수소와 결합한 지방 분자 구조. 체온 유지 및 충격으로부터의 신체 보호 등의 기능을 하지만, 과도하게 섭취하는 경우 지방간 위험이 높아지고 심혈관 질환과 비만을 유발한다.

생명공학을 통해서 영양 강화식품을 만들려는 노력이 현재 진행 중이다. 나아가 더 많은 작업들도 성공으로 이어질 정도로 진행 중이다. 한 예로, 하비스트 플러스(Harvest Plus)라는 세계적 계획은 콩류, 카사바, 옥수수, 쌀, 고구마, 밀에서 철분, 아연, 비타민A 함량을 늘리기 위해 재래식 육종법과 생명공학을 모두 이용한다.

ㅇ 몬산토는 유전자 변형 식품을 개발해온 역할 때문에 가장 비판을 받고 심지어 경멸을 당하는 회사 중 하나였다. 사람들에게 몬산토의 직원이라고 말하기가 힘들었는가?

- 부정적으로 반응하는 사람을 몇몇 만난 적이 있지만, 내 경험으로는 사람들이 인간 대 인간으로 만날 때는 정체불명 군중 속 익명으로 논평할 때와 반응이 매우 다르다.

회사가 GM 식품에 관한 사람들의 우려에 더 솔직하게 대처하려 노력하고 있다고 생각한다. 우리는 일부 유전자 변형이 특히 골치 아프다는 점을 인정한 바 있다. 한 예로, 채식주의자 중에서는 동물 유전자를 가진 채소를 먹는다는 생각에 의문을 제기할 수 있다. 특정한 문화 또는 종교 집단에서도 비슷한 문제가 있을 수 있다. 따라서 우리는 동물 유전자를 식용작물에 사용하는 일은 피하는 편이 더 낫겠다고 결정했다.

생명공학의 잠재적인 위협을 무시하는 것이 몬산토를 포함한 모든 사람의 이익에 기여한다고는 생각하지 않는다. 하지만 오늘날 우리의 성과 그리고 앞으로 몇 년 안에 모습을 드러내리라 생각되는 부분에 관해 보자면, 우리가 판매하거나 개발하는 GM 제품에 정말로 두드러지는 위험이 있다고는 보지 않는다. 수많은 국가적 그리고 국제적 과학 기구들이 동일한 결론에 도달한 바 있는데, 여기에는 미국의사협회, 미 국립과학원, 세계보건기구 등등이 포함된다.

2005년은 생명공학 작물을 대규모로 경작한 지 10주년이었으며, 누적 수치로 10억 에이커(404만 7,000제곱킬로미터) 이상의 면적에서 생산이 이루어졌다. 21세기에는 스페인, 독일, 포르투갈, 프랑스, 체코를 포함한 지역들에서 생명공학 작물이 상업적으로 성장하고 있다. 그 이익의 근거는 충분히 쌓였으며, 눈에 띄는 위험은 발견된 바가 없다. 농지는 제한되고 자연 토지를 보호할 필요성이 있기 때문에, 첨단 육종법과 생명공학을 통해 단위면적당 식량 생산성을 늘리는 일이 매우 중요하다.

2-1

1세대의 생명공학 작물은 상당한 경제적, 환경적 그리고 재배자의 이익을 제공한 바 있으며, 차세대 생명공학 작물은 더 광범위한 이익을 줄 것이다. 이 제품들에는 가뭄에 대한 내성을 강화하였거나, 질소를 더 효율적으로 활용하거나, 수확률을 높였거나 질소 함량을 높인 작물들이 포함된다.

몬산토에서 우리는 GM 식품을 우려하는 집단들의 의견을 더 잘 청취하고 대화에 나서려 노력했다. 그리하여 안전에 관해 우리가 사용하는 방법과 우리가 가진 데이터를 더 투명하게 다루고, 다른 사람들의 문화와 윤리 문제를 존중하고, 우리 기술을 개발도상국과 공유하고, 고객과 환경에 확실하게 실질적인 이익을 제공하겠다고 약속했다. 이 새로운 태도와 새로운 약속이 우리 회사의 이미지와 새 기술의 인정 모두를 개선하는 데 도움이 될 것이다.

2부에서는 참여과학자모임(Union of Concerned Scientists)의 식량 및 환경 프로그램 부장 마거릿 멜론(Margaret Mellon)과 대화를 나눴다.

ㅇ 유전자 변형 식품에 대해 어떻게 관심을 갖게 되었는지?

- 1980년대에 환경법연구소에서 독성 화학물질에 관한 프로그램을 운영하면서 유전공학을 알게 되었다. 처음에는 생명공학에 대해서 몇 년 뒤에 갖게 된 생각에 비해 더 긍정적으로 생각했다. 많은 사람들처럼 아주 비판적이지는 않았다. 하지만 그 기술에 대해 알면 알수록, 그리고 그에 대해 더

깊은 질문을 할수록 그에 유리하게 형성된 과장된 약속의 액면가치를 낮춰 보게 되었다.

그렇지만 참여과학자모임에서 나와 동료들은 생명공학에 반대하지 않는다는 점도 말해야겠다. 예를 들면 우리는 연구와 약품 제작 분야에서 생명공학 이용이 필수적이라고 본다. 새 약품의 치료 이익이 위험보다 더 크고, 많은 경우에 다른 대안이 없다. 하지만 농업에서는 다르다. 최소한 현재까지는 생명공학 제품과 관련된 이익이 대단치 않으며, 아직 위험보다 큰 이익을 보인 적이 없다. 그리고 지금은 쉽게 무시되고 있지만 농업의 문제를 해결하기 위한 흥미로운 대안들이 있다.

농업은 의학과 다르다. 미국에서는 수요보다 훨씬 많은 식량을 생산한다. 그리고 우리는 만들 수 없는 것은 누군가로부터 살 수 있을 만큼 부유하다. 그 결과 식품점 선반에는 30만여 가지 식료품이 있고 해마다 1만 개의 새로운 식품이 추가되고 있다. 미국의 소비자들이 기본적으로 새 생명공학 식품을 원한다는 생각은 설득력이 없다.

ㅇ 하지만 많은 과학자와 정책 전문가가 전 세계를 먹이기 위해서, 특히 개발도상국의 사람들을 위해서 생명공학이 필요하다고 주장한다.

- 아주 많은 사람, 즉 8억 명 이상이 영양실조이거나 굶주리므로 그 점은 중요한 질문이다. 하지만 유전공학이 최선이거나 유일한 해결책일까? 지금도 충분한 식량이 있지만 이를 필요로 하는 사람들에게 가지 않는다. 굶주

리는 사람들은 대부분 이미 있는 식량을 구매할 능력이 없을 뿐이며, 상품 가격이 계속 하한가일지라도 그렇다. 유전공학으로 수입 격차 문제에 대처할 수 있는가?

정말 비극은 생명공학에 관한 논쟁으로 인해 세계의 기아 문제를 해결하자는 논점이 흐려지는 점이다. 사람들이 "세계의 굶주리는 사람들이 자급하도록 돕기 위해 무엇을 해야 하는가?"라고 진지하게 질문하고 그 답변 목록을 만드는 것을 보고 싶다. 유전공학을 포함한 더 나은 기술이 그 답변 목록의 어딘가에 있겠지만, 가장 높은 우선순위는 아닐 것이다. 무역 정책, 기반 시설, 토지 개혁이 훨씬 더 중요하지만 아직 거의 언급된 적이 없다.

유전공학은 나름 역할이 있고 고려 대상에서 제외해서는 안 되지만, 그것이 세계 기아 해결을 위한 만병통치약이라고 보지는 않는다. 유전공학이 이 중요한 논쟁을 왜곡하고 있다고 생각한다. 일부 사람들이 전통적 육종법의 미덕을 얼마나 빠르게 잊었는지도 보면 놀랍다. 그 기술 덕에 어쨌든 미국은 농업 강국이 되었는데 말이다.

○ 사람들이 GM 식품의 또 다른 잠재적 이익으로 더 환경 친화적인 농업을 꼽는 데 관해 이야기 듣고자 한다.

- 질문을 하나 해보자. 녹색농업이 무엇인가? 살충제에 의존하지 않는 농업인가? 실제로는 그보다 훨씬 더 큰 개념이라고 생각한다. 일단은 살충제 사용 문제만을 고려했을 때, 현재 유전자 변형 작물의 영향에 관해 몇몇 데

이터가 있다. 예를 들어, 미 농무부가 미국 농부들을 조사한 자료를 보면 조명충나방을 막기 위한 Bt 옥수수를 사용해도 옥수수에 대한 살충제 살포가 많이 줄지 않았음을 알 수 있는데, 그 이유는 워낙 옥수수 밭에서 거의 대부분 그 해충을 억제하기 위한 살충 작업을 하지 않기 때문이다.

반면 Bt 목화를 도입한 경우에는 살충제 사용이 상당히 감소하는 결과를 가져왔다. 이는 환경 및 투입 원가를 줄일 수 있는 농부들에게 좋은 점이다. 하지만 이 이익은 Bt 특성이 효과를 발휘하는 동안만 계속될 것이다. 나는 Bt 작물이 궁극적으로 대상 해충의 저항력 강화를 초래할 것이라고 대부분 학자들이 예상하리라 생각하는데, 이는 Bt 목화가 더 이상 효과가 없을 것이라는 뜻이다. 예전에 모든 살충제를 남용했듯이 지금은 Bt 목화를 남용하는 것 같다. 그러므로 이는 더 나은 녹색농업을 위한 영구적인 방법이 아니다.

환경적인 위험도 있다. 대부분 과학자들은 현재 유전자 확산, 즉 유전자 변형 작물에서 인근의 동종 식물로 유전자 이동이 이루어질 것임에 동의한다. 즉 농업 환경에서 나온 꽃가루가 이웃한 밭이나 야생으로 유전자를 전달한다는 뜻이다. GM 작물 이용 확산으로 인해 캐나다와 미국에서는 이미 제초제 내성이 있는 잡초가 생겨났다.

ㅇ GM 식품의 건강상 위험은 어떠한가? 새로 나타나는 문제들이 있는가?

- 현재 시장에 있는 식품이 소비하기에 안전하지 않다고 단언할 이유가 없

음을 안다. 하지만 그 표현만큼 그렇게 크게 확신하진 않는다. 몇 년 전에, GM 식품을 비(非)GM 식품과 비교하는 전문가 심사 연구에 관한 문헌을 찾던 누군가가 보낸 편지가 《사이언스》 저널에 게재된 적이 있다. 그는 다섯 가지 정도의 연구를 찾아냈는데, 그러한 상황은 지금까지 이어지고 있다. 그 정도로는 과학적 관점에서 이들 식품이 안전하다고 장담할 근거로 충분하지 않다.

알레르기를 일으키지 않는 식품이 알레르기 유발원으로 바뀔 가능성이 가장 큰 문제라고 말하고 싶다. 식품에 새 독소가 첨가되는 것도 하나의 위험이다. 물론 품종개량자들은 이를 피하기 위해 노력하겠지만, 식물들은 그 자체에 많은 독소를 가지고 있다. 과학자들이 완전히 이해하지 못한 시스템을 다루다 보면 예기치 못한 효과로 인해 독소 유전자가 가동될 수도 있다. 전통적 육종법에서는 유전자를 어떻게 합치고 분리하는지를 통제하는 규칙이 있다. 현재는 이 규칙들을 따르지 않고 있다.

○ 그렇다면 유전공학이 전통적 육종법이 확장된 것이라고 보지 않는가?

- 당연히 전혀 그렇지 않다. 코끼리를 옥수수나무와 교미시킬 수는 없다. 하지만 과학자들은 자연에서 발견되지 않는 유전자를 조합하고 있다.

과학적 관점에서 이것이 예전에 했던 바와 근본적으로 다르다는 점에는 논란의 여지가 없다. 그리고 이는 자연적이지 않다. 물론 새롭고 자연적이지 않다고 해서 반드시 더 위험함을 의미하지는 않는다. 하지만 추가적인 주의가 필요할 정도로 이전 규칙을 아주 크게 깨뜨렸음은 분명하다.

특히 식량 공급과 관련된 기술에는 주의를 기울이는 것이 마땅하다. 아주 많은 사람, 사실상 모든 사람이 유전자 변형 식품에 노출될 수 있고, 그 안전을 다루는 전문가 심사 연구 문헌은 아직 조금밖에 없다. 문제는 이것이 전통적 육종법을 좀 더 확대한 것이라는 주장을 근거로 이 기술이 안전하다고 가정할 것인가, 아니면 이를 입증할 것인가이다. 나와 함께하는 과학자들은 그것이 안전함을 입증하기를 원한다. 실험실로 갈 수 있는데 왜 그저 가정을 하는가?

ㅇ 과학은 어떤 기술도 100퍼센트 안전하다고는 입증할 수 없다. 우리가 GM 식품을 충분히 시험하는 것으로 만족할 것인가? 그리고 어느 정도의 위험을 감수할 수 있는가?

- 물론 GM 식품에 대한 시험이 적절히 이루어진다면 만족할 수 있을 것이다. 하지만 그 질문에 지금 대답하기는 이르다. "이것 보시오, GM 식품을 여러 기준에서 비GM 식품과 비교해서 안전하다고 실증하는 전문가 심사 실험 데이터를 이렇게 많이 얻었소"라고는 아무도 말하고 있지 않다.

그처럼 많은 증거를 만들었다면 그다음에는 그러한 증거들로 충분한지 여부가 문제가 될 것이다. 그리고 결국 일이 잘되어간다면 "주의를 기울였으니 이제는 앞으로 나아갈 것"이라고 말하는 시점에 이를 것이다. 하지만 지금은 그러한 시점 근처에도 가지 않았다.

2-1

분명히 우리는 항상 위험을 감수한다. 하지만 왜 우리가 이들 위험을 감수하는가? 만약 식량 공급이 풍부하지 않다면, 30만 가지 식품이 식품점 선반에 이미 있지 않았다면, 이러한 사회적 수준의 위험을 감수하자는 주장을 할 법도 하다. 하지만 식량은 많다. 사실상 너무 많다. 그리고 식량 시스템과 관련된 문제가 많이 있기는 하지만, 생명공학으로 풀 수 있는 문제는 아니다.

2-2 유전자 변형 작물의 문제

브렌던 보렐

브렌던 보렐이 진행한 인터뷰

로저 비치(Roger Beachy)는 오하이오 주의 작은 농장이 있는 전통적인 아미시(amish)* 가정에서 자랐는데, 그곳 농장에서는 '오래된 방식'으로 식량을 생산했고 살충제, 제초제, 그 밖의 농약을 거의 쓰지 않았다고 한다. 그는 식물 바이러스 분야에서 유명한 전문가가 되었고 세계에서 처음으로 유전자 변형 식품 작물을 심었는데, 치명적인 토마토 모자이크 바이러스에 대한 내성을 부여받은 유전자를 가진 토마토였다. 시골 출신인 비치는 구식 기술로 생활한 자신의 어린 시절과 새로운 종류의 농업기술을 개발하는 데 쏟은 경력이 이율배반적이지 않다고 믿는다. 그의 입장에서 보면 식용작물의 유전자 조작은 농부들이 작물에 써야 하는 화학물질의 양을 줄임으로써 작은 농장의 전통 보존을 돕는 길이다.

*문명 생활을 거부하고 전통 생활을 고수하는 기독교 일파.

비치는 2009년에 미 농무부의 새 연구 부서인 국립식품농업연구소의 지휘봉을 잡았는데, 그곳에서 농업의 미래에 대한 자신의 계획을 추진하기 위한 15억 달러의 예산을 관리한다. 2010년에 비치의 연구소는 1500만 달러를 투입한 지방 주의 아동기 비만에 관한 행태 연구 사례와 같은 예상 밖 프로젝트들에 더불어서, 밀과 보리의 5,000개 게놈 라인에 대한 대규모 연구와 같은 야심적인 농업 연구에 자금을 투입했다.

비치가 이 자리에 임명되면서, 그의 작업이 110억 달러 규모의 세계 농업 생명공학 산업을 촉진하는 데 도움이 되었기에 환경주의자들 사이에 논란이 촉발되었다. 종자회사들이 그의 바이러스 내성 식물, 즉 여러 종류 바이러스에 대해 거의 완전한 내성을 보인 토마토를 결코 상용화하지는 않았지만 그 성공은 결과적으로 미국의 농부들에게 널리 받아들여진 기술의 잠재력을 분명히 보여주었다. 현재 미국에서는 콩과 목화 작물의 90퍼센트 이상, 그리고 옥수수나무의 80퍼센트 이상이 비치가 개발한 것과 비슷한 방법을 이용해서 제초제와 곤충에 대한 내성을 갖도록 유전적으로 변형되었다. 그의 토마토 연구는 대부분 몬산토의 투자를 받았는데, 유기농 농부와 로컬푸드 운동가, 즉 로커보어들은 비치와 대형 기업농 간의 관계, 그리고 그가 식용작물의 유전자 변형을 지지하는 점을 우려한다. 그렇지만 비치는 여전히 부끄러워하지 않는다. 그는 종자회사들이 개발도상국에서 식품 안전을 향상하기 위해 더 많은 일을 할 수 있다고 믿지만, 늘어나는 세계 인구를 먹이기 위해서는 유전자 조작이 필수적이라고 주장한다. 이하는 《사이언티픽 아메리칸(Scientific American)》에서 비치와의 전화 대화를 발췌 편집한 것이다.

ㅇ 1987년에 일리노이 주의 밭에 GM 토마토를 심었을 때가 정말 처음으로 GM 작물을 재배한 것인가?

- 오 그렇지, 내가 심었다. 밖으로 나가서 괭이로 심었다. 1주일에 한 번씩 밭

에 나가 모든 것을 살펴보았고, 한번은 딸아이가 토마토 텃밭의 김매기를 돕기도 했다. 정말로 텃밭을 관찰하면서 어떻게 되어가는지를 보고 싶었다.

○ 바이러스 내성 유전자가 얼마나 효과적인지 놀랐는가?

- 물론이다. 내성 유전자가 없는 모(母)식물이 점점 아파가는 동안, 유전자를 가진 식물은 마치 다이너마이트 같았다. 아직도 25년 전 당시 사진을 가지고 있는데, 지금 봐도 꽤 놀라워서 "정말로 우리 것이 진짜 효과가 있네!"라고 말한다. 다른 사람들은 오이와 파파야와 호박과 피망에서 같은 종류의 기술을 보았다. 이 개념이 얼마나 비교적 단순한지, 그리고 얼마나 많은 영향을 미칠 수 있는지에 많은 사람들이 놀랐다.

○ 물론 그 유효성은 영원히 이어질 것 같지 않다. 현재 우리는 이 기술이 해충과 질병에 대해 제공하는 내성이 극복되는 것을 보고 있다. 업계가 GM을 '묘책'으로서 너무 많이 의존했다고 보는가?

- 아니다. 그러한 일은 전통적 육종법에서든 우리가 지금 하는 분자 육종법에서든 간에 모든 종류의 식물 품종개량에서 나타난다. 1960년대와 1970년대에 새로운 종류의 밀녹병이 멕시코에서 바람을 타고 확산되었는데, 작물 품종개량자들은 한 가지 종류의 녹병에 대한 내성을 찾기 위해 시끌벅적했으며, 몇 년 뒤에는 또 다른 병이 생길 것이므로 새로운 내성을 찾기 위해 앞을 내다보아야 했다.

지속적이고 영구적인 내성은 거의 들어본 적이 없다. 애당초 왜 우리가 GM 작물을 만들었는지를 다시금 생각해봐야 한다. 우리는 지난 15년에서 20년 동안 상당한 양의 살충제가 환경에 쓰이지 않도록 만들었다. 이는 놀라운 일이다. 지금은 화학물질만을 사용할 때로 돌아갈 것인지, 아니면 전 세계에서 발견되는 다양한 해충을 잡을 새로운 유전자를 발견할 수 있을지가 알고 싶을 뿐이다.

미국과는 달리, 중국의 일부를 포함한 세계의 열대지역은 여러 종류의 곤충들로부터의 지속적인 압박에 직면해 있다. 작물을 먹는 다양한 곤충을 통제하기 위해서 학자들에게는 여러 다양한 유전학적 기술이 필요할 것이고, 그렇지 않으면 곤충을 통제하는 성능이 입증된 다양한 살충제와 같은 비유전학적 기술을 적용할 필요가 있을지 모른다. 전반적으로 우리는 한 나라에서는 가루이(white flies)를 막고 다른 나라에서는 진딧물을 막는 종류의 유전자를 찾을 것이다. 만약 이 일을 제대로 해낸다면 이러한 문제에 대한 화학적 해결책이 아닌 유전학적 해결책을 갖게 될 것이며, 따라서 내 의견으로는 그것이 더 지속 가능한 해법일 것이다.

ㅇ 농업 생명공학 업계에 대한 비판자들은 이 산업이 소비자를 위해 식품을 개선하기보다는 농부들에게 이익을 주는 데 중점을 두었다고 항의한다. 그들에게 무엇이라고 말하겠는가?

- 초기에 대학에서 우리 중 많은 사람이 유전공학을 이용해 식품의 비타민

함량을 높이고, 종자 단백질의 품질을 개선하고, 살충제를 사용할 필요가 없는 작물을 개발하기를 검토했다. 우리가 생각해낸 모든 것이 농장과 소비자에게 이익을 줄 것이다. 생명공학 제품을 승인받는 과정은 아주 힘들고, 비용이 많이 들고, 학계에는 잘 알려지지 않았다. 새로운 기술이 성공적이 되도록 하고 농부들에게 더 생산성 높은 작물을 제공할 기회를 찾기 위해 민간 부문이 필요할 것이다. 하지만 이 작물들을 구매한 식품 업체들, 즉 제너럴밀스(General Mills), 켈로그(Kellogg's) 등은 영양소가 더 많은 밀이나 귀리 혹은 미네랄이 더 많은 채소에 더 많은 돈을 지불하는 데 익숙하지 않았다.

ㅇ 왜 그렇지 않은가?
- 미국 대중은 그러한 제품에 돈을 더 낼 의사가 없기 때문이다.

ㅇ 현재 소비자들은 '유기농' 혹은 심지어 '유전자 미조작(GM-free)' 라벨이 붙은 작물에 돈을 더 낼 의사가 있는데, 왜냐하면 이 제품들이 더 지속 가능한 방법으로 생산되었다고 믿기 때문이다. GM 작물이 농업을 더 지속 가능하게 만드는 데 도움이 될 수 있다고 보는가?
- 내 의견으로는, 지금의 GM 작물은 이미 지속 가능한 농업에 기여했다. 이 작물들 덕분에 해로운 살충제와 제초제 사용 및 토양 손실이 줄었는데, 이는 이 작물들이 무경운 재배 방식 이용을 촉진하기 때문이다. 더 많은 성과

도 얻을 수 있다. 알다시피 농업과 임업은 세계 온실가스 배출의 약 31퍼센트를 차지하며, 이는 에너지 부문의 26퍼센트보다 많다. 농업은 메탄과 아산화질소의 주된 배출원이며 수로 오염에 부분적 책임이 있고 이는 밭에서의 비료 유출 때문이다. 농업은 더 개선될 필요가 있다.

우리는 세계 인구의 안정기에 도달하지 못했고 2050년이나 2060년까지는 도달하지 못할 것이다. 그동안 우리는 식량 생산을 늘리면서 온실가스 배출과 토양 황폐화를 줄이고 수로 오염을 감소시켜야 한다. 이는 어마어마한 난관이다. 새로운 파종 및 작물 생산 기술들을 이용하면 높은 수확률을 유지하면서 화학비료와 관개용수의 양을 줄일 수 있을 것이다. 더 나은 종자가 도움이 될 것이고, 농업 실무 개선도 역시 도움이 될 것이다.

ㅇ 환경주의자들은 비GM 작물 및 야생식물로의 유전자 확산 우려 때문에 GM 작물을 받아들이기를 꺼려왔다. 이 점은 최근 캘리포니아에서 연방법원 판사가 유전자 변형 사탕무를 폐기하라고 명령한 한 가지 이유이다.

- 맞다. 그렇지만 그 판결은 사탕무나 타가수분(cross-pollination)* 식물의 안전성에 관한 것이 아님에 유의해야 한다. 소송을 한 농부들은 작물에 유기농 라벨을 달았기 때문에 가격을 높게 받았는데, 유기농의 정의에는 유전공학이 포함되지 않기에 자신들의 비GM 작물이 GM 작물의 꽃가루에 의해 수정되어 그 값어치가 떨어질 것

*같은 종인 한 식물 개체의 꽃가루가 다른 식물 개체의 암술머리에 붙는 현상. 인위적 타가수분은 품종을 개량하는 한 방법이다.

을 걱정했다. 이 경우는 식품 안전이 아니라 제품 마케팅의 문제이다.

반면 우리가 야생종 작물 개체군을 보존하기를 원하는 이유들이 있는 것은 사실로서, 야생종은 유전적 다양성의 저장소 역할을 한다. 한 예로, 미국에서는 GM 작물을 멕시코산 야생 옥수수와 함께 심지 않는다. 예를 들면 밭이 아닌 곳에 다소의 자연산이 있는 호박과 멜론처럼 타가수분의 가능성이 있는 고유종들이 몇 가지 있다. 그러한 생식질이 보존되도록 보장하는 게 중요할 것이다.

일부 사람들은 실제로 GM으로 인한 것이든 아니든, 질병이나 해충 내성 특성이 동종의 야생종으로 전이되면 그 지역의 해충이나 병원균이 줄어들 일을 긍정적으로 볼지도 모른다.

ㅇ 농업에는 긍정적일 수도 있겠지만, 야생 생태계에도 반드시 그렇지는 않을지도 모른다. 비타민A가 풍부한 쌀을 만든다면, 그리고 비타민A가 부족한 환경으로 그 유전자가 확산된다면 그 결과는 무엇인가?

- 대부분의 과학자들은 황금쌀, 즉 비타민A가 풍부한 쌀을 개발하는 데 쓰인 유전자가 다른 품종이나 야생종으로 전이될 때 부정적 영향을 미치리라는 예측은 전혀 하지 않는다. 반면 비타민A가 부족한 식사를 하는 사람들이 황금쌀을 널리 먹을 수 있도록 할 때의 성과는 어마어마하다. 그러한 개선된 식품의 출시가 더 늦어져서 수십 만 명 어린이가 비타민A 결핍으로 맹인이 되고 시력이 나빠지고 일찍 죽는다고 상상해보자. 어린이들 시력

의 가치는 무엇인가? 유전적 특성이 야생종이나 야생화된 쌀로 전이되었을 때의 잠재적 피해는 무엇인가? 맞다. 국가의 모든 지역이나 세계의 모든 지역 또는 춥거나 더운 모든 환경에서 영향이 없을 것이라고는 말할 수 없겠지만, 위험과 이익을 비교할 필요가 있다.

○ 일부 학자들은 생명공학 기업들이 GM 작물 연구를 방해했다고 불만을 표한 바 있다. 이들 작물의 위험에 관한 정확한 답변을 얻기 위해 이러한 연구들이 필요하지 않는가?

- 이는 여러 요소가 작용하는 복잡한 질문이다. 내 의견으로는, 더 많은 학술과학자들이 시험 및 다른 종류의 실험에 참여한다면 이 분야가 더 발전할 것이다. 몇몇 경우에는 학술 부문의 참가가 너무 적었다. 우리 중 많은 수가 초기에 더 많은 동참을 촉구했으며, 학계의 우려 또한 이해할 수 있다. 반면 나는 업체들에게 왜 학술과학자들이 종자를 쉽게 사용할 수 없는지 물어보았다. 일부는 지난 20년간 GM 작물 이용에 관해 불완전하거나 불량하게 계획된 학술 연구가 여러 건 있었다고 지적한다. 그리고 그 결과 그 연구들을 뒤따르는 다른 많은 과학자들의 노력이 많이 낭비되었다고 한다. 곤충 내성 옥수수에서 나온 꽃가루가 왕나비의 유충에 해롭다는 보고서의 주장으로 인해 GM 옥수수가 왕나비의 개체 수에 치명적인 영향을 미칠 것이라고 많은 사람들이 결론을 내린 적이 있다. 이 결론은 매체에서 널리 인용되었고, 미 농무부가 후속 연구에 상당한 에너지를 쏟고 투자를 했는데

결국 왕나비 유충이 매우 제한적인 조건 하에서, 예를 들면 나비의 유충이 성장하는 것과 같은 장소와 시간에 작물의 꽃가루받이가 이루어질 경우에 영향을 받았으리라는 결론이 나왔다. 하지만 그러한 조건은 매우 드문 경우이다.

뿐만 아니라 곤충 내성 옥수수 사용으로 화학 살충제 사용이 줄어든 결과 나비와 다른 곤충들의 개체 수가 늘었다. 이러한 몇몇 예들로 인해 기업들은 일부 학술 연구의 질을 우려했고, 이런 우려가 정당하며 그러한 연구를 통해 얻는 것보다 잃는 것이 더 많다고 느꼈다. 하지만 학술과학자들이 잘 계획된 GM 작물 연구를 수행해서 얻을 것이 많아지고, 미래에는 농업 생명공학 분야에서 공공 부문과 민간 부문 과학자들 간에 더 많은 협력이 이루어지고 의심은 적어지기를 희망한다.

ㅇ GM 작물이 시장에서 갑자기 사라진다면 그 결과가 무엇이겠는가?

- 이곳 미국에서는 아마 식량 가격이 어느 정도 상승할 텐데, 그 이유는 현재 GM 특성을 이용한 결과 식량 생산 효율이 높아져서 식량 가격이 낮아졌기 때문이다. 작물을 더 낮은 밀도로 심고 단위면적당 수확량이 더 낮은, 더 오래전 제품으로 돌아가야 할 것이다. 총 산출량을 늘리기 위해 다소간의 불모지 이용을 포함해서 농지 면적이 늘어나게 될 것이다. 미국과 다른 나라들에서는 농약 사용이 크게 증가할 것이고, 그와 관련된 건강 문제가 커질 것이다. 지난 20년간 식물 육종법이 크게 발전했지만 생명공학이 없

2-2

다면 옥수수, 콩, 목화와 같은 주요한 상품 작물의 수확률은 생명공학이 있을 때보다 더 낮아질 것이다. 만약 세계의 총 작물 생산이 줄어든다면 물론 부유한 나라에 비해 가난한 나라에서 그 여파가 더 클 것이다. 농업 면에서 가난한 나라가 식량 농업 생산의 기초가 튼튼한 국가에 비해 분명 더 많은 고통을 받을 것이다.

2-3 미 중서부 유전자 변형 작물의 일출 및 진화

데이비드 비엘로

2011년 여름, 노스다코타 주 랭던의 식품점 밖에서 두 생태학자가 주차장 가장자리에서 자라는 노란 카놀라 풀 하나를 발견했다. 그들은 이 풀을 뽑아서 부수 후 임신 검사기처럼 생긴 화학 성분 검사기를 이용해서 그 단백질이 인공적으로 주입된 유전자로 만들어졌음을 확인했다. 이 풀은 GM, 즉 유전자 변형된 풀이었다.

이 일은 놀랍지 않은데, 왜냐하면 노스다코타에서는 수만 헥타르(수백 제곱킬로미터)의 재래종 및 유전자 변형 카놀라를 재배하기 때문이다. 이 작물은 학명으로 브라시카 나푸스 바르 올레이페라(*Brassica napus var oleifera*)라는 잡초성 식물로서, 캐나다 사람들이 그 수천 개 씨앗에서 식물성 기름을 얻기 위해 교배한 품종이다. 더 놀라운 점은 이 두 생태학자와 그 동료들이 그 주를 횡단 여행하는 동안 멈춰선 거의 모든 곳에서 야생 GM 카놀라를 발견했다는 것이다. 아칸소 대학교 페이엣빌 캠퍼스의 생태학자 신디 새거스(Cindy Sagers)는 "밭에서 멀리 떨어진 외딴 곳에서 자라는 전이유전자* 식물들을 발견했다"고 말한다. 그녀는 2010년에 피츠버그에서 열린 미국생태학회에서 이러한 조사 결과를 제시했다. 가장 흥미로운 부분은, 시험해본 288개 식물 중 2개에서 다수의 살충제에 내성이 있는 인공유전자가 나왔다는 점이

*유전자 재조합 기술에 의해 외부에서 인위적으로 주입된 유전자.

다. 이를 '다중형질'이라고 하는데, 몬산토와 같은 생명공학 기업들이 오랫동안 개발해서 시장에 내놓으려고 노력했던 종류의 종자이다. 보기에는 대자연이 생명공학을 이긴 것 같다. 그녀는 "복수의 속성을 가진 종자 중 하나는 외딴 곳에 있었고, 정말이지만 노스다코타에는 외딴 곳, 다시 말해 카놀라 밭과 가까운 외딴 곳이 많다"고 덧붙인다.

이는 전이유전자 카놀라 풀이 야생에서 타가수분을 하며 인공적으로 주입된 유전자를 교환한다는 뜻이다. 이전 연구에서는 야생의 GM 카놀라가 캐나다에서 일본에 이르는 모든 곳에서 발견된 바 있지만, 이번에는 그 식물이 그와 같은 방법으로 진화하고 있음을 발견한 첫 사례였다. 새거스는 "이들에서는 전이유전자 특성들이 새롭게 조합되었다"고 말한다. "가장 단순한 설명은 이 특성들이 농경지 밖에서 안정적이며 진화하고 있다는 것이다."

그러한 전이유전자 식물 개체가 농지에서 일출(逸出)되면* 보통은 캐나다에서와 같이 여러 농장에서 종자가 이탈하면서 지속적으로 보충이 되지 않으면 빠르게 죽었지만, 카놀라는 북미에서 최소한 두 개 혹은 어쩌면 최대 여덟 개의 야생종이 잡종이 될 수 있었고, 여기에는 농업의 유해 잡초로 알려진 겨자 풀(*Brassica rapa*)이 포함된다. 새거스는 "농경지 밖으로 날아갈 뿐만 아니라, 북미의 모든 잡초들과 교배가 가능하다"고 말한다. 아칸소 대학교에서 생태학 교육을 받는 메러디스 셰이퍼(Meredith Schafer)가 이 연구를 이끌었는데, 그는 "농부가 통제할 수 없는 잡초가 된다"고 덧붙인다.

*작물이 농지 밖으로 빠져나가 야생화되는 것.

현재까지는 제초제 내성 유전자의 상태가 강해질지 약해질지를 보여주는 증거는 없었다. 하지만 이번 조사 결과는 모든 종류의 식물에서 그 상태가 강해질 수 있음을 보이며, 그 특성을 농장에서만 보존하긴 힘들고 야생으로 퍼지게 될 앞으로의 유전자 변형에 대한 경고인 셈이다. 오리건 주립대학교의 잡초학자 캐럴 맬러리스미스(Carol Mallory-Smith)는 "큰 문제는 침입성 또는 잡초성이 커질 특성, 즉 가뭄 내성, 내염성, 내열성 및 내한성과 같은 특성"이라고 말한다. 이는 모두 작물이 기후변화에 적응하도록 돕기 위해 몬산토와 다른 기업들이 현재 개발하는 특성들이다. "이 특성들이 한 종 전체의 범위로 확산될 가능성이 있을 것이다." 카놀라의 경우에는 그렇게 되었다고 생각된다. 최소한 노스다코타에서는 그렇다.

이번 발견은 미국에서 전이유전자 작물이 야생으로 일출한 첫 사례는 아니다. 2006년에도 오리건에서 시험하던 제초제 내성 잔디풀이 확산되었다. 오하이오 주립대학교의 생태학자 앨리슨 스노(Allison Snow)는 GM 카놀라가 규제된 식물이 아니기 때문에 "규제 당국이 식물 일출을 줄이거나 방지하는 데 필요한 절차가 없다"고 지적한다. 하지만 그다음 질문은 이렇다. "그래서? 야생 카놀라든 제초제 내성이 있는 두 개의 전이유전자를 갖는 어떤 종이든 무슨 차이가 있는가?"

리버티(Liberty) 브랜드의 글루포시네이트(glufosinate) 제초제 또는 라운드업(Roundup) 브랜드의 글리포세이트(glyphosate)에 내성을 갖도록 변형된 카놀라를 1989년부터 미국에서 구할 수 있었는데, 그 두 품종은 각각 1998년과

1999년 이후로 규제되지 않았다. 캐나다 정부 기관인 농업농산식품부의 수잔 워릭(Suzanne Warwick)은 "이 결과는 캐나다 연구자들에게는 새롭지 않으며, 두 종류의 전이유전자 제초제 내성 카놀라가 상업적으로 재배되리라 예상된다"고 말한다.

야생에서 자라는 GM 카놀라는 수확 중에 흩어지거나 트럭으로 수송할 때 떨어진 씨앗이 일반적인 출처이다. 몬산토의 환경정책부장 톰 닉슨(Tom Nickson)은 준비된 성명에서 "미국과 캐나다의 카놀라 작물 중 거의 90퍼센트가 생명공학 작물이므로 도로변의 카놀라를 조사하면 당연히 생명공학 작물과 비슷한 수준의 비율이 나오리라 예상된다"고 말했다.

몬산토 대변인 존 콤베스트(John Combest)에 따르면 회사는 일출된 식물의 소유권을 주장하지 않으며, 복수 전이유전자 식물에 대해서도 그렇다고 한다. 연구자들이 GM 작물로 연구할 때는 회사로부터 면허를 획득해야 할 테지만 "의도치 않은 결과로서 우리가 고안한 특성이 들판에 미량 존재할 때 그 특허권을 행사하는 정책은 몬산토에 없었고 앞으로도 없을 것"이라고 한다.

그러한 전이유전자 식물에서 얼마나 많은 교배가 이루어지는지는 아직 두고 보아야 한다. 하지만 이는 유전자가 주어진 품종 내에서 어떻게 이동할 수 있는지에 관해 흥미로운 예가 된다. 그녀는 "농업이 자연 식물의 진화에 미치는 영향에 대한 좋은 모델"이라고 말한다. "자연종으로의 유전자 이동을 상상할 수 있다. 그 일이 일어나리라 상상할 수 있다면, 아마 일어날 것이다."

2-4 유전자 변형 작물에 관한 세 가지 미신

너태샤 길버트

유전자 변형 식품 및 작물에 관한 격렬한 논쟁에서는 과학적 증거가 어디에서 끝나고 독단과 추측이 어디에서 시작되는지를 알기 어려울 수 있다. GM 작물 기술은 처음 상용화된 지 거의 20년 만에 극적인 이해를 얻었다. 지지자들은 그 기술 덕분에 농업 생산이 미화 980억 달러 이상 늘고 4억 7300만 킬로그램으로 추산되는 살충제가 사용되지 않고 절약되었다고 말한다. 하지만 비판자들은 환경적, 사회적, 경제적 영향에 의문을 표한다.

연구자, 농부, 활동가, GM 종자회사들은 모두 자신들의 전망을 적극적으로 홍보하지만, 과학적 데이터는 많은 경우 결정적이지 않거나 모순된다. 복잡한 진실은 격렬한 수사들 뒤에 오래 감춰져왔다. 네덜란드 바헤닝언 대학교 및 연구소의 농업사회경제학자 도미닉 글로버(Dominic Glover)는 "논쟁이 진전되지 않아 실망스럽다"고 말한다. 그는 덧붙인다. "양측은 서로 다른 언어로 말하고, 어떤 증거와 쟁점들이 문제인지에 관해 다른 의견을 내세운다."

여기서 《네이처》는 세 가지 긴급한 문제를 알아보려 한다. 즉 GM 작물이 제초제 내성이 있는 '슈퍼 잡초'의 탄생을 부채질하는가? GM 작물이 인도 농부들의 자살의 원인인가? GM 작물에 주입된 전이유전자가 다른 식물에게 확산되고 있는가? 논쟁의 여지가 있는 이 사례 연구들은 어떻게 책임 전가와 미신이 확산되고 문화적 무감각이 논쟁을 부채질할 수 있는지를 보여준다.

2-4

GM 작물이 슈퍼 잡초를 야기했다 : 진실

조지아 주 애슈번에 있는 농업 컨설턴트인 제이 홀더(Jay Holder)는 4년여 전에 고객의 전이유전자 목화밭에서 팔머 아마란스(Palmer amaranth, 학명 *Amaranthus palmeri*)를 처음 보았다. 팔머 아마란스는 미국 동남부의 농부들에게 특히 골칫거리인데, 그곳에서는 이 식물이 수분, 빛, 토양 영양소 경쟁에서 목화보다 우위를 차지하고 밭을 빠르게 장악하였다.

1990년대 후반부터 미국 농부들은 글리포세이트 제초제에 내성이 있도록 조작된 GM 목화를 널리 받아들였는데, 이 제초제는 미주리 주 세인트루이스에 있는 몬산토가 라운드업(Roundup)이라는 이름으로 시장에 내놓은 것이다. 제초제와 작물의 조합은 굉장히 효과가 좋았다. 그 효과가 사라질 때까지는 말이다. 2004년에 제초제 내성이 있는 아마란스가 조지아 주의 한 카운티에서 발견되었고 2011년에는 76곳으로 확산되었다. 홀더는 "일부 농부들은 목화밭의 반을 잡초에게 잃을 정도였다"고 말한다.

일부 과학자와 반(反)GM 단체는 GM 작물이 글리포세이트를 무분별하게 사용하도록 조장함으로써 여러 잡초가 제초제 내성을 갖게끔 진화하는 자극제가 되었다고 경고했다. 1996년에 라운드업 내성 작물이 발견된 이래로 24개 종의 글리포세이트 내성 잡초가 파악되었다. 하지만 제초제 내성은 농부들이 GM 작물을 심는지 여부와는 상관없이 겪는 문제이다. 예를 들면 약 64개 품종의 잡초가 아트라진(atrazine) 제초제에 내성이 있는데, 이 작물은 이 제초제를 견디도록 유전적으로 조작된 적이 없다.

그렇지만 글리포세이트 내성 작물은 성공의 반작용으로 간주될 만하다. 농부들은 오랫동안 복수의 제초제를 사용해왔고, 그를 통해 내성의 발전이 느려졌다. 또한 농부들은 밭갈기와 쟁기질을 통해 잡초를 억제해왔다. 이러한 방식은 표토를 격감시키고 이산화탄소를 발산하지만 내성을 촉진하지는 않는다. GM 작물이 도입되면서 재배자는 거의 전적으로 글리포세이트에만 의존하게 되었는데, 이 제초제는 다른 많은 종류의 화학물질보다 독성이 적으며 밭갈이를 하지 않고도 여러 종류의 잡초를 죽일 수 있었다. 그래서 GM 작물을 재배한 농부들은 내성을 억제하기 위해 해마다 작물의 종류를 교체하거나 화학물질을 바꾸거나 하지 않았다.

몬산토는 제초제를 적절히 사용한다면 글리포세이트 내성이 잡초에서 자연적으로 생겨나지는 않는다고 주장함으로써 이러한 농사 방식을 뒷받침했다. 몬산토는 2004년에 작물과 화학물질 교체가 내성을 방지하는 데 별 도움이 안 된다고 제시하는 다년간의 연구를 공개했다. 현재 몬산토의 잡초 관리 기술부장인 릭 콜(Rick Cole)은 당시 한 업계지의 광고에서 몬산토가 권고한 양을 사용하면 글리포세이트가 잡초를 효과적으로 없앴고, "우리는 죽은 잡초가 내성을 갖지 않는다는 것을 안다"고 말했다. 2007년에 발표된 연구는 사용 방식에 상관없이 너무 작은 땅을 이용하여 내성이 발달될 확률이 매우 낮았다는 점 때문에 과학자들의 비판을 받았다.

오리건 주 코르발리스에 있는 제초제내성잡초 국제조사단 단장 이안 힙(Ian Heap)은 글리포세이트 내성 잡초가 현재 전 세계 18개국에서 발견되며 브라질, 호주, 아르헨티나, 파라과이에서 큰 영향을 미친다고 말한다. 그리고 몬산토는 글리포세이트 사용에 관한 입장을 바꿔서 지금은 농부들에게 화학제품을 섞어서 사용하고 밭갈이를 하라고 권고하고 있다. 하지만 회사는 이 문제를 유발하는 데 일조했음을 인정하지는 않았다. 콜은 경제적 동기와 결합된 '시스템에 대한 과신'으로 인해 여러 종류의 제초제를 사용하는 관행이 줄고 말았다고《네이처》에 말한다.

모든 것을 감안할 때, 제초제 내성 GM 작물은 기업적 규모로 재배되는 재래식 작물에 비하면 환경에 덜 해롭다. 영국 도체스터에 있는 컨설팅 업체인 PG이코노믹스(PG Economics)가 수행한 연구에서는 제초제 내성 목화를 도입하고 1996년에서 2011년 사이에 제초제 사용이 1550만 킬로그램 절약되었으며 이는 재래식 목화를 재배했다면 사용했을 양의 6.5퍼센트를 줄인 것이라는 결론을 냈다. 그리고 PG이코노믹스의 공동대표이자 업계가 투자한 연구의 공동저자인 그레이엄 브룩스(Graham Brookes)는 GM 작물 기술이 야생종에 대한 살충제 독성과 같은 요소를 감안한 수치인 환경영향지수를 8.9퍼센트 개선했다고 말한다. 브룩스가 수행한 연구는 많은 과학자들이 이 분야에서 가장 폭넓고 권위 있는 환경 영향에 대한 평가로 인정한다.

문제는 이 이익이 얼마나 오래갈 것인가이다. 이제까지는 농부들이 더 많은 글리포세이트를 사용하고 다른 제초제와 밭갈이로 이를 보충하면서 내성 잡초의 확산에 대처했다. 펜실베이니아 주립대학교 유니버시티파크 캠퍼스의 식물생태학자 데이비드 모텐슨(David Mortensen)이 수행한 연구에서는 GM

작물을 사용하는 직접적인 결과로서 미국의 총 제초제 사용이 2013년의 헥타르당 약 1.5킬로그램에서 2025년에는 헥타르당 3.5킬로그램 이상으로 늘어나리라고 예측한다.

새로운 잡초 억제 방법을 농부들에게 제공하기 위해 몬산토 그리고 인디애나 주 인디애나폴리스에 있는 다우 애그로사이언스(Dow AgroSciences)와 같은 그 밖의 생명공학 기업들은 다양한 화학물질을 연구해 새로운 제초제 내성 작물을 개발하고 있는데, 업체들은 이를 몇 년 안에 상용화하리라 예상하고 있다.

모텐슨은 새 기술도 그 효과성을 상실할 것이라고 말한다. 하지만 이스라엘 레호보트에 있는 바이츠만 과학연구소의 잡초학자 조너선 그레셀(Jonathan Gressel)은 화학 제초제를 완전히 포기하는 것은 현실적인 해결책이 아니라고 말한다. 화학제품을 이용해서 잡초를 억제하는 것은 여전히 토양을 밭갈기하고 쟁기질하는 것에 비해 더 효과적이고 환경 피해가 더 적다. 그는 "농부들이 제초제를 섞어서 사용하는 것과 더불어 보다 지속 가능한 농업 방식을 사용하기 시작하면 문제가 더 적어질 것"이라고 말한다.

GM 목화가 농부의 자살을 유발했는가 : 거짓

인도의 환경운동가이자 페미니스트인 반다나 시바(Vandana Shiva)는 3월의 인터뷰 중에 다음과 같은 걱정스러운 통계를 되풀이해서 언급했다. "몬산토가 인도의 종자 시장에 진출한 이래 인도의 농부 27만 명이 자살했다." 그녀는 덧붙였다. "이는 집단학살이다."

1990년대 후반 인도 전체의 총 자살률 증가를 기초로 한 이 주장은 몬산토가 2002년에 인도에서 GM 종자를 판매하기 시작한 이래 기업의 착취 사례로서 자주 되풀이되는 이야기가 되었다.

특정한 곤충을 막는 세균인 바실러스 튜링겐시스(*Bacillus thuringiensis*)에서 추출한 유전자를 함유한 Bt 목화의 인도에서의 첫 걸음은 힘들었다. 이 종자들은 처음에는 지역의 교잡 품종에 비해 다섯 배가 비쌌기 때문에 지역 상인들은 Bt 목화와 재래식 목화를 섞어 담은 포장을 더 낮은 가격에 판매하곤 했다. 그래서 가짜 종자 및 상품 사용법에 관한 잘못된 정보로 인해 작물과 금전에 피해가 생겼다. 이로 인해 지방 농부들의 부담이 당연히 높아졌는데, 그들은 오랫동안 지역 대출기관에서 돈을 빌리도록 강요하는 엄격한 대출제도의 압력을 받아왔다.

이에 대해 글로버는 "농부들의 자살이 오직 Bt 목화 탓이라는 지적은 터무니없다"고 말한다. 재정적 어려움이 인도 농부들의 자살 동기 중 하나이기는 하지만, 기본적으로는 Bt 목화가 도입된 이래로 농부들의 자살률은 달라지지 않았다.

워싱턴 D.C.에 있는 국제식량정책연구소의 연구자들이 인도의 Bt 목화 및 자살에 관한 정부 자료, 학술 문서, 언론 보도들을 샅샅이 뒤져서 이를 밝혀냈다. 2008년에 발표되고 2011년에 개정된 그들의 연구 결론은 인도 국민 중 연간 총 자살자 수가 1997년에는 1만 명에 약간 못 미치다가 2007년에는 12

만 명 이상으로 늘었지만, 같은 기간 동안 농부의 자살자 수는 연간 2만여 명에서 맴돈다는 사실을 보여준다.

독일 괴팅겐에 있는 게오르그 아우구스트 대학교의 마틴 카임(Matin Qaim)은 Bt 목화가 험난한 첫걸음을 뗀 이후로 농부들에게 이익을 주어왔다고 말한다. 그는 지난 10년간 인도 Bt 목화의 사회적 및 재정적 영향을 연구해왔다. 인도 중부 및 남부의 533개 목화 재배 가구에 대한 연구에서 카임은 2002년에서 2008년 사이에 수확률이 에이커당 24퍼센트 증가했음을 발견했는데, 이는 병충해로 인한 손실이 줄어든 덕분이었다. 같은 기간 농부들의 수익은 평균 50퍼센트 증가했고, 이는 주로 수확률 증가 덕이었다. 카임은 이러한 수익을 보면 현재 인도에서 재배되는 목화의 90퍼센트 이상이 전이유전자 목화라는 사실이 놀랍지 않다고 말한다.

세인트루이스에 있는 워싱턴 대학교의 환경인류학자 글렌 스톤(Glenn Stone)은 Bt 목화의 수확률 증가에 대한 실증적인 증거가 없다고 말한다. 그는 인도에서 원래의 밭 연구를 수행하고 Bt 목화의 수확률에 관한 연구 문헌을 분석했는데, 수확률 증가를 보고하는 전문가 심사 연구들 대부분이 단기간에 초점을 맞췄고 많은 경우에는 기술이 도입된 이후의 초기 몇 년간을 다루어서 연구에 편향성이 생겼다고 말한다. 이 기술을 처음 채택한 농부들은 더 부유하고 학력이 높은 경향이 있었고, 그들의 농장은 이미 재래식 목화로 평균보다 높은 수확률을 올리고 있었다. 이들은 Bt 목화로 높은 수확률을 거뒀는데 이는 부분적으로는 비싼 GM 종자에 주의와 관심을 아끼지 않았기 때문이다. 스톤은 지금의 문제는 인도에 GM 수확률 및 수익을 비교할 재래식 목화 농장이 거의 남지 않았다는 점이라고 말한다. 카임은 금전적 이익을 보여주는 많은 연구들이 단기간의 영향에 초점을 맞췄음에 동의하지만, 2012년에 발표된 그의 연구에서는 이러한 편향성을 조율하고도 여전히 지속적인 이익을 발견했다.

글로버는 Bt 목화가 자살률 급증을 유발하지 않았지만 수확률이 증가한 유일한 원인도 아니라고 말한다. "기술이 성공인지 실패인지로 나누는 이분법적 결론은 미묘한 차이를 적절히 나타내지 못한다"는 것이다. "이것이 인도에서 진행되는 이야기이고, 최종 결론에는 아직 도달하지 못했다."

멕시코에서 전이유전자가 야생 작물로 확산된다 : 알 수 없음

2000년에 멕시코 오악사카 산의 일부 지방 농부들이 추가 수입을 얻기 위해서 자신들이 재배하고 판매하는 옥수수의 유기농 인증을 얻기를 원했다. 당시 캘리포니아 대학교 버클리 캠퍼스의 미생물생태학자이던 데이비드 퀴스트(David Quist)는 그들의 땅을 연구 프로젝트에 이용한다는 조건으로 그 일을 돕는 데 동의했다. 하지만 퀴스트가 옥수수의 유전자를 분석하면서 놀라운 점이 드러났다. 지역에서 생산된 옥수수가 몬산토의 글리포세이트 내성 옥수수와 곤충 내성 옥수수에서 전이유전자 발현을 자극하는 데 쓰이는 DNA의 한 부분을 함유했던 것이다.

GM 작물은 멕시코에서 상업 생산용으로 승인되지 않았다. 따라서 전이유전자는 아마도 미국에서 소비용으로 수입되었다가 그 종자가 전이유전자 품종임을 몰랐던 지역 농부들이 심은 GM 작물에서 왔을 것이다. 당시 퀴스트는 지역의 옥수수가 아마도 이 GM 품종과 이종교배되었고 그 때문에 전이유전자 DNA를 얻었으리라 추측했다.

《네이처》에 이 발견이 공개되자 언론과 정치꾼들이 오악사카로 몰려들었다. 많은 사람들은 옥수수의 역사적 기원이자 옥수수를 신성시하는 장소에서 몬산토가 이 작물을 오염시키고 있다고 비난했다. 그리고 퀴스트의 연구는 전이유전자를 탐지하는 데 사용한 방법 및 전이유전자가 분해되어 게놈 전체로 흩어질 수 있다는 결론의 문제를 포함해서 기술적 결함이 있다고 맹비난을 받았다. 《네이처》는 결국 이 논문에 대한 지지를 중단했으나, 단 논문을 철회하지는 않았다. 2002년에 발표된 이 연구의 비평에 대한 편집자 각주에는 "원래 논문의 발간을 정당화하기 위해 가용한 증거가 충분치 않다"고 쓰여 있다.

그 후 멕시코 옥수수로의 전이유전자 이동에 관한 엄격한 연구는 거의 발간되지 않았는데, 이는 주로 연구 자금이 부족한 탓이었고 그나마 몇몇 연구들은 엇갈린 결론을 보였다. 2003~2004년에 오하이오 주립대학교 콜럼버스 캠퍼스의 식물생태학자 앨리슨 스노는 오악사카에 있는 125개의 밭에서 870개의 식물 표본을 채취했는데 옥수수 종자들에서 전이유전자 배열을 발견하지 못했다.

2009년에 멕시코시티에 있는 멕시코 국립자치대학교의 분자생태학자 엘레나 알바레스부이아(Elena Alvarez-Buylla)와 현재 캘리포니아 대학교 버클리 캠퍼스 식물분자유전학자 알마 피녜료넬슨(Alma Piñeyro-Nelson)이 주관한 한 연구에서는 2001년에 오악사카의 23개 지역에서 채취한 표본 중 3개, 2004년에 같은 지역에서 채취한 표본 중 2개에서 퀴스트가 발견한 것과 같은 전이유전자를 발견했다. 또 다른 연구에서, 알바레스부이아와 공동저자들은 멕시코 전체에 걸친 1,765개 가정에서 채취한 표본 중 적은 비율의 종자들에서 전이유전자의 증거를 발견했다. 지역사회 내에서 수행한 다른 연구들에서는 전이유전자가 더 지속적으로 발견되었지만, 발표된 경우는 거의 없었다.

스노와 알바레스부이아는 표본 수집 방법의 차이가 전이유전자 발견에 차이를 가져올 수 있다는 데 동의한다. 스노는 "다른 밭에서 표본을 수집했다"고 말한다. "그들은 전이유전자를 발견했지만 우리는 그렇지 않았다."

과학계는 전이유전자가 멕시코의 옥수수 개체군에 침투했는지에 대해서 여전히 의견이 엇갈리며, 멕시코가 Bt 옥수수 상용화를 승인할지를 고심하는 가운데서도 여전히 그렇다.

스노는 "전이유전자가 지역 옥수수로 이동하는 일은 필연적으로 보인다"고 말한다. "그런 일이 벌어지고 있다는 증거가 다소 있지만 그것이 얼마나 흔한지 또는 그 결과가 무엇인지는 말하기 힘들다." 알바레스부이아는 전이유전자의 확산이 멕시코 옥수수의 건강에 해로울 것이고, 모양이나 맛과 같이 지방 농부들에게 중요한 품종 특징을 바꿀 것이라고 주장한다. 그녀는 전이유전자가 일단 존재하면 이를 없애기가 불가능하지는 않더라도 매우 힘들 것이라고 말한다. 비판자들은 시간이 가면서 지역 옥수수 개체군의 게놈에 축적되는 GM 특성이 결국은 예를 들면 신진대사 과정을 방해해서 에너지와 자원을 소모하는 식으로 작물의 건강에 영향을 미칠 것이라 추측한다.

스노는 현재까지는 부정적 영향을 미친다는 증거가 없다고 말한다. 그리고 그녀는 만약 현재 쓰이는 전이유전자가 다른 식물로 이동한다면 식물 생장에 중립적이거나 유익한 효과가 있을 것이라고 예측한다. 2003년에 스노와 동료들은 Bt 해바라기(*Helianthus annuus*)가 야생종과 교배될 때는 전이유전자 자손에게도 부모 작물을 경작할 때와 같은 종류의 면밀한 보살핌이 여전히 필요하지만, 전이유전자가 없는 식물에 비해서는 곤충에 덜 취약하고 더 많은 씨앗을 생산했음을 보였다. 스노는 비슷한 연구가 거의 수행된 적이 없는데 그 이유는 기술에 대한 권리를 가진 기업들이 대체로 학술 연구자들이 실험을 하도록 허가하기를 꺼리기 때문이라고 설명한다.

멕시코에서는 이 문제가 환경에 미치는 잠재적 영향을 넘어서는 일이다. 작물학자이자 멕시코 엘 바탄에 있는 국제옥수수밀개량센터의 유전자원 프로그램 부장 케빈 픽슬리(Kevin Pixley)는 멕시코에서 GM 기술을 지지하는 과학자들이 중요한 점을 놓쳤다고 말한다. "대부분의 학계는 옥수수와 멕시코 주민들 간의 정서적, 문화적 관계를 이해하지 못한다"는 것이다.

GM 작물을 칼로 두부모 자르듯 지지하거나 반대하는 이야기들은 항상 더 큰 그림을 놓치게 마련이다. 여전히 미묘한 차이가 있고, 의심스러우며, 명백히 혼란스럽기 때문이다. 카임은 전이유전자 작물은 개발도상국이나 선

2-4

진국이 직면한 농업의 모든 문제를 해결하지 않을 것이라고 말한다. "만병통치약이 아니다." 하지만 비방도 역시 합당하진 않다. 진실은 그 중간 어딘가에 있다.

2-5 종자회사들이 유전자 변형 작물 연구를 통제하는가?

편집부

유전자 변형 식용작물 등과 같은 농업기술의 발전 덕분에 이 분야는 어느 때보다 더 생산적이 되었다. 농부들은 더 많은 작물을 키우고 더 적은 땅을 이용해서 더 많은 사람을 먹인다. 이 기술을 이용하면 살충제를 더 적게 쓸 수 있고 토양 황폐화를 초래하는 쟁기질 양도 줄일 수 있다. 그리고 농업기술 업체들은 기후변화로 인해 세계에서 점차 중요해질 회복 특성, 즉 혹서와 가뭄에 생존할 수 있는 개량종 작물을 만들어 앞으로 몇 년 안에 도입할 계획이다.

불행하게도, GM 작물이 광고만큼의 효과를 내는지는 확인이 불가능하다. 이는 농업기술 업체들이 독립된 연구자들의 작업에 대해 거부권을 행사하기 때문이다.

소비자가 GM 작물을 구입하려면 그 용도를 제한하는 동의서에 서명을 해야 한다. (최근에 소프트웨어를 설치해보았다면 최종 사용자 계약의 개념을 알 것이다.) 이 계약은 업체의 지적재산권을 보호하기 위해 필요하다고 여겨지며, 업체들은 종자를 특별하게 만드는 유전자 향상의 복제를 금지하는데 이 자체는 정당하다. 하지만 몬산토, 파이오니아(Pioneer), 신젠타(Syngenta) 같은 농업기술 업체들은 거기서 더 나아간다. 지난 10년 동안 이들의 사용자 계약은 종자를 어떠한 독립적인 연구에도 사용하지 못하도록 분명히 금지했다. 소송 위협을 받는 학자들은 다양한 조건에서 종자가 잘 자라는지 아니면 실패인지를 시험할 수 없다. 학자들은 한 회사의 종자를 다른 회사의 것과 비교할 수 없다. 그리고 아마 가장 중요한 점일 텐데, 학자들은 유전자 변형 작물이 환경에 의도치 않은 영향을 미치는지 여부를 조사할 수 없다.

유전자 변형 종자에 대한 연구는 물론 계속 발표된다. 하지만 종자회사가 승인한 연구만을 전문가 심사 저널에서 볼 수 있다. 많은 경우에, 종자회사의 승인을 전제로 한 실험들은 그 결과가 회사의 비위를 거슬리는 내용이라면 발표가 금지되었다. 코넬 대학교의 곤충학자 엘슨 실즈(Elson J. Shields)는 유전자 변형 작물의 환경적 영향을 규제하는 책임을 맡은 기관인 미국 환경보호청(이하 EPA)의 한 당국자에게 보낸 서신에서 "항상 모든 연구 요청을 무조건 거부하는 아주 나쁜 상황은 아님을 이해하는 것은 중요하다"면서, "하지만 특정한 과학자가 종자 개량 기술에 얼마나 '우호적'이거나 '적대적'일지에 관한 업계의 인식을 바탕으로 선택적인 거부와 허가가 이루어진다"고 썼다.

실즈는 이러한 관행에 반대하는 24명으로 이루어진 옥수수 곤충학자 모임의 대변인이다. 학자들이 무엇보다도 연구 목적으로 종자를 이용할 권한을 구할 때 회사의 협조에 의존하므로 대부분은 보복에 대한 두려움 때문에 익명으로 남기를 택해왔다. 이 모임은 EPA에 "이용권이 제한된 탓에 이 기술과 관련된 여러 중요한 의문에 관해 진정으로 독립적인 연구를 합법적으로 수행할 수 없다"고 항의하는 진술을 제출했다.

다른 업계의 회사에서 독립적인 연구자가 상품을 시험하고 그 결과를 보고하는 걸 막을 수 있다면 그것만으로도 너무 끔찍할 것이다. 예를 들어 자동

*미국의 비영리기관인 소비자협회에서 발간하는 월간지로서, 소비재 상품의 정보를 제공한다.

차 회사가 《컨슈머 리포트(Consumer Reports)》에서* 수행한 일대일 모델 비교를 파기하려고 시도한다고 상상해보라. 학자들이 미국의 식품 공급 원재료를 조사하거나 미국 농지의 많은 부분을 차지하는 식물성 원료를 시험하지 못하도록 저지를 당한다면, 자유로운 연구에 대한 제약이 위험한 수준이라 할 만하다.

농업기술의 성공을 가져온 연구 개발 투자의 자극제가 된 지적재산권을 보호할 필요성은 인정하지만, 작물 제품이 일상적으로 정밀조사 받을 수 있도록 하는 것에 식량 안전과 환경 보호가 달려있다고도 믿는다. 따라서 농업기술 회사들은 즉시 최종 사용자 계약에서 연구에 관한 제한을 철폐해야 한다. 또한 EPA는 앞으로 새 종자의 판매를 승인하는 조건으로서 독립적인 연구자들이 현재 시장에 있는 모든 제품을 제한 없이 이용할 권한을 갖도록 요구해야 한다. 농업 혁명은 밀실 안에서 이루어지기에는 너무 중요하다.

2-6 전이유전자 : 새 품종

대니얼 크레시

아나스타시야 보드나르(Anastasia Bodnar)는 농장을 위해 최초의 GM 유기체가 개발되었을 때 농업 분야의 '하늘을 나는 로켓 제트 팩(jet packs)', 즉 슈퍼마켓에 이국적 농작물을 선보이고 굶주린 세계를 먹이는 데 도움이 되는 미래적이고 고도로 영양 높은 작물을 약속 받았노라고 말한다.

그녀는 하지만 현재까지는 이 기술에서 나오는 이익이 대부분 기업농에게 돌아갔으며, 대체로 잡초를 죽이는 화학제품에 견디거나 해충에 저항하도록 변형된 작물을 통해서 그렇게 되었다고 말한다. 농부들은 이를 통해 수확률을 늘리고 다른 경우에 비해 살충제를 덜 뿌릴 수 있었다.

위스콘신 주 미들턴에 있는 GM 유기체 지지 비영리단체인 바이올로지 포티파이드(Biology Fortified)의 생명공학자 보드나르는 그러한 발전이 일반 소비자에게는 거의 눈에 띄지 않았다고 말한다. 최악의 경우 GM 작물은 유전자 변형 반대자들의 분노를 촉발하는 데 일조했다. 그들은 전이유전자 작물에 대한 권력과 수익이 소수 대형 기업의 손에 집중되어 있으며, 자연에 개입하고 위험에 부주의한 학자들이 그 아주 좋은 예라고 말한다.

이러한 상황은 곧 바뀔 수 있다. 이제 실험실에서 시장으로 나오고 있는 완전히 새로운 세대의 GM 작물 덕분이다. 느리게 변색되는 사과에서부터 가장 가난한 나라 사람들의 식사를 개선하기 위해 영양소가 강화된 '황금쌀'과 밝은 오렌지색 바나나에 이르는 몇몇 작물들이 새로운 문제들에 맞설 것이다.

또 다른 차세대 작물은 자체 게놈을 고도로 정밀하게 편집할 수 있는 첨단 유전자 조작 기술을 이용해서 만들어질 것이다. 그러한 접근 방식은 다른 품종에서 가져온 유전자로 상용 작물을 변형하는 과정, 즉 유전자 변형을 비평하는 사람들이 가장 불안하게 생각하는 요소를 줄여줄 것이다. 상상컨대 결국 새 기술은 GM 식품에 대한 대중의 불안감을 줄일 수 있을 터이다.

물론 그렇지 않을 수도 있다. 이 작물들이 실험실에서 어떤 가능성을 보여주었든 간에, 여전히 힘들고 비용이 많이 들며 세밀한 현장 시험에서 그 이익을 실증해야 하고, 다수의 규제 장벽을 뛰어넘어야 하며, 많은 경우 의심 많은 대중을 안심시켜야 한다. 시애틀의 워싱턴 대학교에서 신기술의 정치적, 사회적 측면을 연구하는 필립 베레아노(Philip Bereano)는 이 마지막 부분이 쉽지 않을 것이라고 말한다. 그는 GM 유기체에 관한 주장들은 안전과 표기법에 관한 우려에서부터 생명에 대한 특허라는 윤리적 문제에 이르기까지 전반에 걸쳐 있다고 지적한다. 그는 "사람들은 아이들에게 먹이는 것이 과연 무엇인지를 걱정한다"면서, "이 부분은 달라지지 않을 것"이라고 말한다.

그렇지만 대부분의 GM 유기체 연구자들은 이 기술에서 최악의 문제들은 지나갔고 미래가 밝다고 확신하는 듯하다. 보드나르는 GM 유기체의 제트 팩 시대를 기대한다면 "이제 나타나고 있다"고 말한다.

GM 작물의 첫 걸음 단계에서는 주로 농부들이 마케팅 대상이었고, 그들의 일을 더 쉽게 만들고 더 많은 생산성과 더 많은 수익을 올리는 것이 목표였다. 예를 들면, 1996년에 미주리 주 세인트루이스의 생명공학 기업인 몬산토는 유명한 '라운드업 레디(Roundup Ready)'라는 제품을 처음 도입했다. 이 제품은 몬산토가 만든 라운드업이라는 글리포세이트 제초제에 견딜 수 있는 세균 유전자를 가진 콩이었다. 이는 농부들이 여러 가지가 아닌 한 가지 제초제를 이용해서 작물에는 피해를 입히지 않으면서 대부분의 잡초를 죽일 수 있다는 뜻이었다. 몬산토의 Bt 목화를 포함한 다른 GM 작물이 곧 그 뒤를 따랐다. Bt 목화는 치명적인 목화다래벌레를 막고 살충제의 필요성을 줄이는 세균 독소를 만들어내도록 변형된 식물이다.

차세대 GM 유기체에서도 농부들은 계속해서 핵심 시장이 될 것이다. 예를 들면 영국 하펜던에 있는 로담스테드 연구소의 과학자들은 Bt 목화보다도 살충제가 덜 필요하고 어쩌면 전혀 필요 없을 GM 식물을 개발하고 있다. 그 핵심은 온대 지역의 주요한 병해충인 진딧물이 공격을 받을 때 내는 화학적 경보 신호를 흉내 내도록 진화된 몇몇 야생종 식물의 '경보 페로몬'이다. 이 방어 유전자를 밀에 이식해서, 곤충으로 하여금 위험에 처했다고 착각하도록 만들어서 쫓아버릴 수 있는 작물을 만들었다. 이러한 작물은 Bt 목화나 다른 기존 GM 유기체와는 달리 해충을 막기 위한 화학 살충제가 필요 없을 것이다.

로담스테드 연구소 소장이자 최고경영자인 모리스 몰로니(Maurice Moloney)는 현재 현장 시험이 진행 중이며 "온실에서는 매우 성공적이었다"고 말한다. "야지에서 효과를 얻을 수 있다면 이를 강력한 특성으로 만들도록 최적화해서" 대규모로 이용하기에 적합하도록 할 수 있을 것이다. 몰로니는 그 지점에서부터 노력을 확대해서 다른 작물에서 자연적으로 진화된 보호 및 억제 능력을 찾고, 그를 바탕으로 특정한 해충과 싸우도록 능력을 향상하거나 조작할 방법을 찾아내기를 희망한다고 말한다. 몰로니는 "예를 들면 애벌레, 줄기천공벌레 등과 같은 해충도 억제하는 휘발성 화학물질을 가질 수 있을 것"이라고 말한다. "잠재적으로 우리가 이를 해낼 수 있다면 그 응용 범위는 경이적이다."

지역적 관심

많은 GM 유기체 연구자들은 때로 대형 농업 회사들이 무시하는 작물에 대한 연구 작업을 추진한다. 예를 들면 취리히에 있는 스위스 연방공과대학의 식물 생명공학 그룹의 헤르버 반데르슈렌(Herve Vanderschuren)은 개발도상국의 주식 중 하나로 구근을 가진 열대 관목인 카사바(*Manihot esculenta*) 연구 팀을 이끈다. 그는 "이 작물의 육종법이나 개선에는 많은 투자가 이루어지지 않는다"고 말한다.

반데르슈렌과 그의 팀은 카사바 모자이크 바이러스에 대한 자연 내성을 가진 품종에 카사바 갈색 줄무늬 바이러스에 대한 내성을 부여하는 유전자를 삽입해서, 특히 해로운 그 두 바이러스에 카사바가 내성을 갖도록 유전적 조작을 하고 있다. 자연 내성 품종은 이미 지역의 수요와 시장에 맞게끔 만들어졌다. 반데르슈렌은 이러한 지역별 개조가 "우리가 하는 연구의 매우 중요한 부분"이라고 말한다. 제품을 전 세계에 판매하기를 원하는 대형 기업농은 이런 일은 별로 환영하지 않는다. 반데르슈렌의 팀은 이 식물을 만드는 데 성공했고 지금은 아프리카의 동료들과 협력해서 이 카사바가 밭에서 자랄 수 있는지 확인하는 시험을 준비하고 있다.

개발도상국에서는 작물 개발의 상당수를 영양 강화에 초점을 맞춘다. 이러한 노력의 가장 유명한 사례는 황금쌀로서, 전 세계 절반의 주식인 쌀을 변형한 버전이다. 이 쌀은 동아시아인의 식사에서 부족한 경우가 많은 비타민A의 원료인 베타카로틴(β-carotene)을 첨가하여 뚜렷한 노란색을 띤다. 황금쌀의 원형은 2000년에 발표되었으며, 많이 공들여온 개발자 및 GM 유기체 반대자들의 반대를 거친 이후 이 원고 작성 시점에는 필리핀에서 현지 시험을 진행 중이다. 이 쌀은 최종 규제 장애를 통과해서 2014년에는 농부들에게 도달할 수 있을 것이다.

다른 사람들도 이 흐름을 따랐다. 예를 들면 호주 브리즈번에 있는 퀸즐랜드 공과대학교 열대작물 및 생물상품센터의 제임스 데일(James Dale)은 바나나에 치명적 곰팡이마름병인 파나마병 내성을 부여할 뿐만 아니라 베타카로틴 및 철분을 포함한 다른 영양소 함량을 높이려고 시도하고 있다. 그는 우간다와 아프리카 전체에서 "미량 영양소의 부족 수준이 정말로 매우 높다"면서, 그곳에서는 바나나가 주식이라고 설명한다. 이미 호주에서 현지 시험이 수행되었다.

대부분의 차세대 GM 유기체가 농부들을 목표로 하지만, 일부는 공급망의 다음 단계인 식품가공업자가 목표이다. 예를 들면 웨스트버지니아 주 키어니

스빌에 있는 미 농업연구청 애팔래치안 과수연구소의 식물분자생물학자 크리스 다딕(Chris Dardick)에 따르면 자두는 가공식품에 쓰기가 힘든데, 그 이유는 딱딱하고 나무 같은 속을 제거하면 그 조각이 남기 때문이라고 한다. 하지만 다딕과 그의 팀은 재래식 품종 교배를 한 속이 거의 없는 자두에서 추출한 유전자를 이용해서 속이 전혀 없는 과일을 조작해내는 초기 단계에 있다. 그는 "무엇보다도 업계와 소비자가 그러한 과일을 어떻게 받아들일지 걱정이다. 우리가 받은 피드백은 대부분 꽤 긍정적이었다"고 말한다.

최종 소비자에게 직접 다가가도록 계획된 GM 유기체도 있다. 그 첫 번째 제품 중 하나가 북극사과(Arctic Apple)로, 자르거나 베어 먹은 후에도 빠르게 갈색으로 변하지 않는다. 이는 갈변 현상을* 초래하는 일련의 생화학적 작용의 키효소인 폴리페놀 산화효소를 보통 수준보다 적게 생산하는 다른 품종 사과의 유전자를 삽입한 덕분이다.

*사과나 배 등이 껍질을 깎았을 때 갈색으로 변하는 현상으로, 과일 안에 있던 효소가 공기 중의 산소와 만나면서 과일의 색이 변한다.

북극사과 개발자인 브리티시컬럼비아 주 서머랜드에 있는 오카나간 스페셜티 과수원(Okanagan Specialty Fruits)의 닐 카터(Neal Carter)는 "아내와 나 자신이 사과 재배자이다. 사과 소비가 줄고 있어 걱정을 했다"고 말한다. 카터는 사과가 슈퍼마켓에서 먹기 좋게 잘려서 깨끗하게 포장되어 팔리는 당근과 다른 청과물에게 자리를 빼앗기고 있다고 말한다. 갈색으로 변하지 않은 사과를 그런 식으로 가공할 수 있다면 업계에 정말 요긴할 터이다. 그리고 카터는 사과가 인기가 있다면 북극 아보카도, 배, 심지어 상추도 그 뒤를 따를 수 있을 것이라고 말한다.

첨단 기술

현재까지 유전자 변형 작업의 대부분은 다른 유기체의 DNA를 입힌 금 나노팔레트(nanopellet)를 목표 식물의 세포 안으로 발사해서 게놈의 무작위 위치에 DNA를 결합시키는 '유전자 총(gene gun)'과 같이 비교적 투박하지만 완성된 기술로 진행되었다. 하지만 새 도구는 유전자 편집을 하는 데 비할 바 없는 정밀성을 제공한다. 예를 들면 전사활성자 같은 작동체 뉴클레아제(이하 TALEN)와 징크핑거 뉴클레아제(이하 ZFN) 효소를 이용하면 실험자가 선택한 특정한 지점의 DNA를 자를 수 있다. 세인트폴에 있는 미네소타 대학교에서 그러한 기술을 연구하는 댄 보이타스(Dan Voytas)는 이 절단을 회복하는 방법을 제어함으로써 정확한 위치에서 돌연변이나 단일염기 또는 전체 유전자의 변화를 일으킬 수 있다고 말한다. "염색체의 어디에 외부 유전자가 존재하는지 알기 때문에 정밀한 삽입을 할 수 있다." 그러면 연구자들은 게놈에서 그 유전자의 발현이 최적화되고 작물의 게놈이 원치 않는 방법으로 혼란될 위험이 줄어드는 지점에 새 유전자를 넣을 수 있다. 보이타스의 그룹은 이미 ZFN으로 담배를 조작해서 제초제 내성을 삽입할 수 있음을 보였다. 다른 그룹들은 ZFN으로 옥수수에 제초제 내성을 추가하거나 TALEN을 이용해서 쌀에서 흰잎마름병에 대한 민감성을 나타내는 유전자를 잘라냈다.

보이타스는 무엇보다 이 기술들의 '진정한 힘'은 토종 식물 유전자를 조작해서 새로운 특징을 부여하는 능력에 있다고 말한다. 예를 들면 연구자들은 가뭄 내성 세균에서 추출한 유전자를 작물에 결합함으로서 건조한 조건을 견디도록 조작하는 대신, 식물이 가뭄에서 생존하도록 돕는 다수의 토종 유전자를 보정할 수 있다. "이 기술 개발의 다음 단계는 게놈으로 들어가서 복수의 유전자를 수정하는 것이다."

노스캐롤라이나 주 더럼에 있는 생명공학 기업 프리시전 바이오사이언시즈(Precision BioSciences)의 공동설립자 데릭 잔트(Derek Jantz)도 작물 자체의 유전자로 작업하는 일에 들떠 있다. 예를 들면 모든 작물은 몬산토의 라운드업 레디 작물에 삽입된 세균성 EPSPS* 유전자 유사체를 갖고 있다. 외부 유전자를 이용하기보다는 작물 자체의 유전자를 편집해서 비슷한 제초제 내성을 만들어낼 수 있을 것이다.

* 글리포세이트 제초제에 대한 내성을 갖는 단백질 효소.

유전자 변형 업계의 다른 연구자들처럼 잔트는 상업적 비밀이라는 이유로 연구 프로젝트에 대해 구체적으로 말하기는 거절한다. 하지만 일반적으로 말하면 "우리가 시도하는 것은 점차 이용할 수 있게 될 풍부한 기능적 게놈 데이터를 활용하는 것"이라고 한다.

별개 품종

일부 연구자들은 재래식 육종 기술의 가속을 위해 유전자 변형을 이용한다. 애팔래치안 과수연구소의 식물학자 랄프 스코자(Ralph Scorza)는 유전자 변형 자두나무를 연구하는 팀을 이끈다. 이 변형 나무는 온실에서만 생존할 수 있다. 하지만 이 나무는 포플러 나무에서 추출한 유전자를 삽입한 덕분에 재래식 품종에 비해 수명 중 더 일찍 꽃을 피우는 일이 계속 반복된다. 이는 연구자들이 재래식 육종법에서는 10년이 넘게 필요한 데 비해 몇 년 안에 질병 내성과 같은 특성을 개발하기 위해서 선발육종,* 교배육종,** 기타 전통적 기술을 이용해 1년 내내 나무를 번식시킬 수 있다는 뜻이다. 원하는 특성이 번식이 되면 꽃을 피우는 전이유전자를 제거해서, 변형은 되었지만 비GM인 식물이 되게끔 한다. 스코자와 그 동료들은 자두곰보병 내성을 만들어내고 과일의 당도를 높이기 위해 이러한 '패스트랙(FasTrack)' 육종법을 이용한다. 다른 연구자들은 감귤류 같은 작물에 이 기술을 응용하고 있다.

* 특정한 유전형질을 가진 개체들을 골라서 교배해서 번식을 시켜 원하는 형질의 품종을 얻는 방법.

** 서로 다른 유전형질을 가진 개체들을 교배해서 원하는 형질을 함께 갖춘 품종을 얻는 방법.

미국 규제 당국은 이미 다른 품종의 DNA를 함유하지 않고 새 기술로 변형된 유기체를 재래식 GM 유기체와는 다르게 취급할 것임을 시사한 바 있다. 이 기술은 대중의 우려도 잠재울 것이다. 캘리포니아 대학교 리버사이드 캠퍼스의 분자유전학자 앨런 맥휴언(Alan McHughen)은 "유전자 변형에 대한 반대 중 최소한 일부는 극복할 수 있기를 바란다"고 말한다.

또한 보드나르는 GM 유기체 개발이 중단되지 않을 것이라고 말한다. 그녀는 유전공학이 현재 상대적으로 진입 장벽이 낮다고 지적한다. 세균을 연구하는 '바이오해커(biohacker)'들이 이미 차고나 객실에서 유전자 변형 실험을 수행하고 있으며, 앞으로 그들이 자신들 기술을 식물 또는 동물에 응용하는 것을 막는 장애물은 없다.

보드나르는 "계속해서 쉬워지고 있다. 사람들이 이러한 것을 갈망한다고 본다"고 말한다. "제트 팩은 모든 사람이 원한다. 이제 그것이 나올 때라고 본다. 만일 시장에서 이를 하향식으로 제공하지 않는다면 상향식으로 나오는 것을 보게 될지도 모른다."

3

더 그럴듯한 가공식품

3-1 정크푸드 : 세계 건강의 유행병

데이비드 워건

지구 전체에서 과체중인 사람 한 명당 영양 결핍인 한 명이 있다. 유엔식량농업기구는 2012년 현재 8억 7000만 명의 사람들이 "지속적인 식이 에너지 요구를 충족하기에는 식품 섭취가 부족하다"고 추산한다. 너무 적은 칼로리를 소모하는 사람들과 너무 많이 소비하는 사람들이라는 이 두 극단적 세계가 어떻게 공존할 수 있을까?

미국은 정크푸드에 중독되었고, 세계의 나머지도 그에 크게 뒤처지지 않는다. 짜고 달고 기름진 가공식품은 세계 건강의 유행병이며, 가공식품 중독은 점점 더 벗어나기 힘들어지고 있다. 이는 퓰리처상을 수상한 탐사보도 언론인 마이클 모스(Michael Moss)의 새 책 《짜고 달고 기름지고(Salt Sugar Fat)》가 제시하는 결론의 일부일 뿐이다.

모스는 4년 동안 미각이 지나치지는 않을 정도로 즐겁도록, 즉 '지복점(bliss point)' 수준으로 적절히 최적화되도록 세심하게 가공된 식품의 세계를 조사하고 있다. 도리토스(Doritos)를* 먹는 일이 지나치지는 않을 만큼 만족스러운 걸 생각해보자. 이 식품들은 점점 더 많은 사람이 과체중이나 비만으로 분류되는 데 꾸준히 일조하고 있다.

*토르티야 칩의 상품명.

체질량지수(이하 BMI)를 기초로 하면 지구에서 10억 넘는 사람들이 과체중으로 간주되며 그중 3억 가까이 임상적으로 비만이다. 믿기지 않는가? 독자 여러분도 기술적으로 과체중이거나 비만일지도 모른다. BMI 계산기를 이용하면 필자는 23이 나오는데, 이는 과체중 경계 아래이다. 아주 많이는 아니지만 말이다.

가공식품에 대한 갈망은 세계적이다. '좋은' 식품, 즉 복합탄수화물에서 더 간편하고 오래 가는 식품으로의 변화, 거기에 좌식 생활습관이 결합되면서 세계적인 비만이 초래되었다. 그리고 장기 보존 식품은 에너지 함량을 더 높이고 트럭이나 상점 선반에서 더 오래 유지되도록 당분, 염분, 포화지방이 더 풍부하게 만들어졌다. 이러한 변화는 보통 경제가 노동 집약적 직종에서 벗어나 발전하는 데 뒤따르는 현상이지만, 주민들이 저렴한 칼로리 섭취를 갈망하는 경제에서도 나타난다.

과체중 및 비만의 건강 위험도 문서적 증거가 많다. 2003년에 세계보건기구(WHO)는 이러한 유행병의 증거를 제시하는 보고서를 발표했는데, 에너지 농도가 높고 영양소는 부족하며 당분과 지방이 풍부한 식품의 소비가 증가하고, 그와 함께 신체 활동이 감소하면서 1980년 이래 비만율이 3배가 되었다고 언급한다. 과체중이거나 비만인 사람은 고혈압, 2형 당뇨병, 심혈관계 질환 위험이 더 높다. 이러한 건강 문제는 경제의 장애물이다. 미국에서만 매년 거금 약 3억 달러가 이 문제를 위해 쓰인다.

좋은 소식도 약간 있다. 지난 20년간 영양 결핍 인구가 1억 3200만 명으로 줄었고, 2015년까지 영양 결핍 인구 비율을 전체 인구의 11.6퍼센트로 줄이겠다는 밀레니엄개발목표(Millennium Development Goal)에 가까워졌다. 하지만 WHO의 보고서가 보여주듯, 비만 유행성(Obesity Epidemic)은 산업화 국가들로만 제한되지 않는다. 비만율 증가는 많은 경우 개발도상국에서 더 확연하다.

식품공학자와 과학자들은 현대의 식품이 생산되고, 수송되고, 저장되고, 소비되는 방법에 대단한 돌파구를 마련했다. 중요한 질문은 세계의 식량 시스템이 어떻게 비만 유행성을 악화시키지 않으면서 시골을 떠나 도시로 이동하고 서구식 생활습관을 채택하는, 더 많아지는 인구를 먹일 수 있는가이다.

3-2 패스트푸드에 대한 집착

크리스털 드코스타

우리 동네 배달 업체에는 고객에게 품질과 서비스 측면에서 무엇을 기대할 수 있는지에 관해 약간의 팁을 알려주는 내용을 걸어놓았다. 여기에는 이렇게 씌어 있다.

여러분의 주문은

- 빠르고 훌륭하지만, 저렴하지는 않습니다.
- 빠르고 저렴하지만, 훌륭하지는 않습니다.
- 훌륭하고 저렴하지만, 빠르지는 않습니다.

훌륭하고 빠르면서 저렴한 것은 없으니, 그중 두 가지만 선택하십시오.

'훌륭함/빠름/저렴함' 모델은 분명히 새롭지 않다. 설계에서 이는 오랜 원칙이었고, 다른 많은 분야에도 응용되어왔다. 이 아이디어는 단순하다. 즉 두 마리 토끼를 한 번에 잡을 수는 없다는 뜻이다. 하지만 시도할 수 없거나 시도하지 않겠다는 뜻은 아니다. 그리고 패스트푸드로 말할 것 같으면 다른 어느 분야도 이 싸움이 이보다 격렬한 곳은 없다.

맥도널드, 1달러 메뉴, 최대 2,150칼로리를 제공하는 세트메뉴가 지배하는 패스트푸드 분야는 많은 비난을 받아왔다. 패스트푸드는 빠르고 저렴하지만

3-2

보통은 몸에 좋지 않다는 것을 우리는 안다. 그럼에도 불구하고 잘 정리된 통계에 따르면 미국은 어느 때보다 많이 패스트푸드에 지출하고 있다.

1970년에 미국은 거의 60억 달러를 패스트푸드에 지출한 반면, 2000년에는 1100억 달러 이상을 지출했다. 미국은 현재 고등교육, 개인용 컴퓨터, 컴퓨터 소프트웨어, 새 차에 쓰는 것보다 패스트푸드에 돈을 더 쓴다. 미국인은 영화, 책, 잡지, 신문, 비디오, 음반을 합친 것보다도 패스트푸드에 돈을 더 쓴다.

허리둘레가 급속도로 늘어나는 가운데 패스트푸드가 손쉬운 표적이 되었다. 훌륭하고 빠르지만 저렴하지는 않은 더 건강한 체인점, 반(半)인분, 칼로리 수치 표기가 등장하면서 우려는 일축되었다. 자각과 '식품 흔적(foodprint)'을 열심히 이야기하고, 더 많은 유기농 제품이 식단에 포함되기를 열망하고, 서로 다른 경제 형편 때문에 한계가 있음을 인정하지만 다른 사람도 똑같이 하도록 권장하려 애쓴다.

간단히 말해 우리는 더 단순한 식품의 시대, 즉 지역 수확물이 보편적이었고 필요한 식재료에 부족함이 없었으며 산업화된 가공식품에는 덜 의존하던 시대로 회귀하기를 갈망한다. 우리는 순수한 집밥이 보편적이던 시대를 갈망한다. 그리고 오늘날 미국 항공사들이 내놓는 많은 요리가 그렇게 하기 쉽다고 우리를 효과적으로 설득한다. 우리는 패스트푸드를 피하라는 말을 들어왔다. 현대의 손쉬운 가공식품이 극단적인 1인분 크기와 영양을 상징하는 것이 사실이지만, 우리의 향수가 잘못된 생각이라는 점도 사실이다. 날것의 가공되지 않은 식품, 즉 우리가 동경하는 '자연' 식품은 우리 선조들에게는 도전이었다. 실제로는 이러한 식품은 완전히 위험하다.

생고기를 사용하기도 전에 썩었더라도 여전히 이를 먹고, 신선한 과일은 시고, 채소는 쓰고, 근류와 구근에는 독성이 있던 시대로 되돌아가보자. 언제나 변덕스러운 자연은 그 풍요로움을 아낌없이 나눠주는 것만큼이나 쉽게 허락하지 않을 수도 있다. 가뭄은 수확물을 사정없이 파괴하고, 폭풍은 어로 작업을 방해하고, 소는 우유 만들기를 중단하고, 닭은 산란을 멈출 수도 있다. 그러면 어쩔 것인가?

우리는 아주 초창기부터 식품을 가공해왔는데, 그 이유는 우리 생존이 식품에 달려있기 때문이었다.

식품을 맛있고, 안전하고, 소화하기 쉽고, 건강에 좋게 만들기 위해서 선조들은 자연산 동물과 식물을 문자 그대로 완전히 우리 것으로 만들 때까지 사육하고, 갈아내고, 담그고, 응고하고, 발효하고, 가열했다. 독성을 낮추기 위해서 식물을 가열하고, 카오펙테이트(Kaopectate)* 효과를 위해 진흙으로 처리하고, 물, 신 과일, 식초, 알칼리성 잿물로 여과했다. 선조들은 옥수수를 인간의 도움 없이는 번식할 수 없을 정도로 집중적으로 재배했다. 그들은 오렌지, 즙이 많은 사과,

* 설사 치료제의 상표명.

쓰지 않은 콩류를 만들어냈으며 더 자연적이지만 맛이 없는 원형 작물들을 미련 없이 버렸다.

가공식품은 썩지 않는데 더 맛있기도 하다는 것은 비밀이 아니다. 우리가 열망하는 자연이 빈곤의 상징이며 가난과 기아의 종착점이던 때가 있었다. 로컬푸드에 의존한다는 것은 다양성을 포기해야 한다는 뜻이었다. 기원전 5세기에 켈트족 왕자들은 현재의 부르고뉴 지방에서 그리스 와인을 즐겼고, 그리스 사람들은 복숭아, 살구, 시트론(citron)을* 개량하려고 시도했고 이는 후에 그리스 소스의 특징이 되었다. 기원후 시대에는 폭넓은 향신료 무역 덕분에 풍미를 얻었을 뿐만 아니라 식품 보존에도 도움을 받았다.

* 인도 북부가 원산지인 감귤류 과일.

탄 보리 및 요즘에도 주변에서 볼 수 있는 구운 옥수수와 같은 '패스트푸드'를 동물, 사냥꾼, 어부, 양치기가 먹었다. 도시 환경에서는 집밥을 준비할 설비가 없을 수도 있는 공동주택 거주자들은 미리 조리된 식사를 먹었다. 남녀가 함께할 때면 기피 대상 1호인 튀김류 음식은 시대를 불문하고 몇 가지 형태로 존재해왔다. "유럽의 도넛, 멕시코의 추로스(churros), 오키나와의 안다기(andagi), 인도의 세브(sev)가 그렇다." 오늘날 우리는 단맛이 나는 카페인 음료를 헐뜯지만, 오늘날에도 여전히 속을 뒤집는 세균이 담긴 오염된 물 대신에 맥주와 와인이 오랜 기간 동안 인정된 표준이었다는 사실은 잊은 것 같다.

적절한 영양 분배는 부의 분배와 나란히 이루어졌다. 땅에서 일하는 소작농들은 겨울을 나기 위해 묽은 죽과 호밀 빵에 의존했으며, 그들이 수확한 생산물은 수집되고 저장되어 도시 거주자를 먹이는 데 쓰였다. 최고의 식품은 왕가, 귀족, 상인의 주방에서 준비되었다. 이들은 잉여 생산품과 다양한 생산품을 구매할 방법이 있었다. 1880년대의 식량 산업화 덕에 더 많은 식품이 더 많은 사람에게 돌아갔다. 수확기, 트랙터, 콤바인, 비료로 인해 생산량이 늘었고, 원거리 수송을 통해서 신선한 고기, 통조림, 과일, 채소, 우유가 바다와 국경을 건너 운반되었다.

산업화된 세계의 빈곤층은 굶주리는 대신 살아남아서 번창했다. 영국에서는 1877년에서 1887년이 되면서 전형적인 노동자의 지출 예산 중 식품의 소매가가 3분의 1로 줄었다. 단 그는 여전히 수입의 71퍼센트를 식품과 음료에 지출했다. 1898년에 미국에서는 1달러를 가지고 1872년에 비해 42퍼센트 더 많은 우유, 51퍼센트 더 많은 커피, 3분의 1 더 많은 소고기, 두 배 많은 설탕, 두 배 많은 밀가루를 샀다.

이 모든 이야기들은 산업화된 식품에 문제가 없음을 부정하기 위한 것이 아니다. 우리가 자연식품을 변형하고 이를 모든 음식 그리고 개별 식품에 적용한 방법들을 강조하기 위한 것이다. 우리가 자연식품 또는 전통식품이라고 생각하는 것은 산업화와 도시화의 결과로서 최근에 개발된 것들이다. 피시앤

칩스(fish and chips)보다 더 영국적인 음식은 없을 것이다. 과연 그럴까? 이 음식은 동부 런던에 살던 세파르디 유대인의* 음식을 19세기에 노동자계급이 응용해서 만든 것이다. 필자가 좋아하는 인도의 탄두리 치킨(Tandoori chicken)은 인도와 파키스탄이 분할될 당시 파키스탄으로 피신한 힌두 펀자브인이 무슬림 스타일 탄두르 요리법을 배워서 만들었다. 우리는 자연식품에 대한 향수에 빠져 있으면서 이러한 음식의 역사는 간과하고 있다.

* 이베리아 반도 출신의 유대인 집단.

향수에는 무거운 가격표도 따르는데, 그 점 역시 거의 언급되지 않는다. 예를 들면 장인이 만든 수제 식품과 지역에서 나는 토종 품종을 찬양하는 '슬로푸드(Slow Food)'는 토산품과 수제품을 소비할 여력이 되는 소비자를 대상으로 한다. 현대의 산업화 식품 및 패스트푸드에는 분명히 문제가 있다. 항생제 가득한 육류, 환경 악화, 도축장에 대한 윤리적 우려 등이 그러하다. 하지만 패스트푸드와 산업화 식품을 그저 문제가 있다고 묵살하는 것은 우리가 현재 갈망하는 식품들을 개선하기 위해 역사를 통틀어서 시도해온 방법을 간과하는 일이다. 그러한 방법들이 아니었으면 그것들을 먹지도 못했을 터이다.

패스트푸드와 산업화 식품은 여러 종류의 사람들을 먹이는 데 중요한 역할을 할 수 있다. 이 식품들이 우리를 멸망시키지는 않을 것이며, 땅콩버터와 참치를 보관한 식품 저장실이 어떤 사람들의 생명을 유지시키는 주된 수단이 될지도 모른다. 패스트푸드 업계는 분명히 개선될 필요가 있지만 우리가 식품에 대해서 무엇을 받아들일 수 있고 무엇은 그렇지 않은지, 그리고 어느 정도까지 받아들일 수 있는지에 관해 태도를 바꾸면 패스트푸드 업계에 더 많은 압력이 되리라 보인다. 편의성과 저렴함을 희생하지 않고 어떻게 더 나은 품질을 요구할 수 있겠는가? 아니면 좋은 음식이 부자들의 특권이 되어야만 하겠는가?

도시 지역의 푸드트럭 유행은 아마도 많은 사람들 지갑 수준 안에서 다양한 맛을 제공하는, 그동안 간과되었던 식당 체인의 한 대안일 수도 있다. 미국 남서부, 특히 텍사스와 캘리포니아에서는 멕시코 음식을 파는 '타코트럭(taco truck)'이 매우 인기이다. 미국 북동부에서는 푸드트럭에서 중국, 베트남, 태국, 인도, 그리고 다른 여러 나라의 전통식품을 접할 수 있다. 뉴욕시의 파이낸셜디스트릭트(Financial District)에는 바비큐 트럭, 버거 트럭, 채식 트럭들이 있다. 또한 할랄(Halal) 상인들이 닭이나 양을 쌀 위에 얹어서 판매하고 때로는 즉석 비리야니(biryani)와 케밥도 판다. 그리고 그 지역에는 스튜 치킨, 커리 치킨, 소고기와 로티, 커런트 롤, 음료수 솔로(Solo)를 파는 트리니다드(Trinidadian) 트럭도 있었다. 하지만 트리니다드 트럭은 자메이카(Jamaican) 트럭과의 치열한 경쟁에 무릎을 꿇었다. 자메이카 트럭의 매운 저크 치킨(jerk chicken)은 소비자를 붉은색과 검은색으로 화려하게 치장된 트리니다드 트럭에서 발걸음을 돌리게 만들었다.

현재의 프랜차이즈 업체들이 메뉴를 적절히 정비하지 않는다면, 건강식품의 동반자인 신선한 과일과 채소를 구하기 힘든 지역사회에서 아마 이러한 노점들이 확고한 지위를 얻을 수 있을 것이다. 노점은 오래된 전통이다. 원래

3-2

패스트푸드 조달업자로부터 파생되었으며, 고객에게 식사를 제공할 수 있게 된 비결은 부분적으로 저장 기술에서 이룬 혁신 덕분이다. 이들은 몇몇 지역에서 허가를 얻기 위해 힘든 싸움을 해야 했지만, 이들이 우리의 식품 역사에서 상상 이상 훨씬 더 경제적으로 사람들을 먹일 수 있다는 점에 주목할 가치가 있다.

3-3 뇌와 당분의 관계 : 과당 및 포도당

캐서린 하몬

식품점 통로는 액상과당(High Fructose Corn Syrup, 이하 HFCS)을* 함유한 식품과 음료로 넘친다. 액상과당은 탄산음료에서 보편적이고 케첩부터 스낵바 과자에 이르는 모든 식품에서 예기치 않게 접하게 된다. 이 저렴한 감미료는 최근 수십 년 간 점차 인기 있는 첨가제가 되었고 비만 유행성의 원인으로 지목된 경우가 많았다.

* 옥수수에서 당분을 고농도로 추출하여 만든 시럽으로, 설탕의 저렴한 대체 원료로 쓰인다.

이러한 공포는 근거가 충분해 보이기도 한다. 새로운 한 연구의 결론은 과당이 식욕을 조절하는 대뇌 영역에 뚜렷한 영향을 미친다면서, 포도당에 비하면 옥수수 시럽 및 다른 형태의 과당이 과식을 조장할 수도 있다고 이야기한다. 설탕에는 과당과 포도당이 모두 있지만, 액상과당은 그 이름이 시사하듯 과당의 비중이 더 높다.

연구자들은 과당이 뇌에 얼마나 영향을 미치는지 시험하기 위해서 20명의 건강한 성인 자원자를 연구했다. 실험 주제는 감미료 첨가 음료 섭취였지만, 연구자들은 fMRI, 즉 기능적 자기공명영상을** 이용해서 많은 종류의 배고픔 관련 신호 및 보상과 동기 부여 과정을 조절하는 데 도움을 주는 시상하부의*** 반응을

** 뇌가 활동할 때 혈류의 산소량 신호를 측정해서 뇌의 어느 부위가 활성화되는지 측정하는 방법.

*** 간뇌의 일부분으로서 여러 가지 조절 기능이 있는 자율신경계의 중추이다.

측정했다.

자원자들은 약 300칼로리에 해당하는 75그램의 과당을 감미료로 넣은 300밀리리터의 체리 맛 음료, 그리고 같은 양의 포도당을 감미료로 넣은 같은 음료를 받았다. 이 두 종류의 음료가 1~8개월에 나뉘어 실험 모임에 무작위 순서로 제공되었다. 연구자들은 다양한 시점에 혈액 샘플을 채취하고 자원자들에게 공복감과 포만감을 묻기도 했다.

실험 대상자들은 과당 첨가 음료를 소비한 뒤 15분 후와 포도당 첨가 음료를 소비한 뒤 15분 후, 시상하부 활동에 상당한 차이를 보였다. 포도당은 시상하부의 활동을 줄였지만 과당은 실제로 이 영역에 약간의 자극을 가했다. 이 결과로 예상할 수 있듯 참가자들은 포도당 음료가 포만감을 높였다고 보고했는데, 이는 포도당을 감미료로 사용한 음료를 섭취한 후에는 더 많은 과당을 감미료로 사용한 음료에 비해서 더 많은 칼로리를 섭취할 가능성이 적음을 시사한다.

과당과 포도당은 분자구조가 비슷하지만, 과당은 몸에서 대사 작용이 다르고 포도당에 비해 몸에서 인슐린을 더 적게 분비하도록 유도한다. 참고로 인슐린은 몸에 포만감을 전달하고 몸이 식품에서 얻는 보상을 둔화하는 역할을 한다. 또한 과당은 공복 신호 호르몬인 순환 그렐린(circulating ghrelin)의 양을 포도당이 줄이는 것만큼 줄이지 못한다.(동물 연구에서는 실제로 과당이 혈액-뇌장벽을 지나서 시상하부에서 대사 작용을 할 수 있다는 결과가 나왔다.) 기존 연구들에서는 동물 모델에서 이러한 효과가 확실하게 나타났다.

예일 의과대학의 캐슬린 페이지(Kathleen Page)가 주관하고 미 의학협회보(이하 JAMA)에 2013년 1월 1일 자로 발표된 연구에서는 감미료의 영향을 받을지도 모르는 신경회로가 적었고, 정확히 어떤 신경회로가 그러한지 찾아낼 수도 없었다. 하지만 같은 주제로 JAMA에 게재된 논문의 공저자인 포틀랜드의 오리건 건강과학대학교 내분비, 당뇨, 임상영양학과의 조너선 퍼넬(Jonathan Purnell) 및 같은 학교 행동신경과학과의 데이미언 페어(Damien Fair)는 이 결과가 다른 연구들과 함께 "식품 가공 및 경제력의 발전" 덕분에 과당 섭취가 늘었고, 설탕과 액상과당이 "실제로 특대형 식품 개념을 확산시켜서 사람들의 총 허리둘레를 늘리고 있음"을 시사한다고 썼다.

과당 소비가 정말 그렇게 우리 바지 크기를 늘리는 엄청난 역할을 할 수 있는가? 퍼넬과 페어는 "흔한 반론은 식품이 아닌 과잉 칼로리 섭취가 주요하다는 말이다. 쉽게 말하면 덜 먹으라는 것"이라고 설명했다. "하지만 실제로는 공복감과 포만감이 사람들이 얼마나 먹는지를 결정하는 주된 요인이며, 이는 갈증이 사람들이 물을 얼마나 마시는지를 결정하는 것과 같다. 이러한 느낌을 그저 의지력만으로 없애거나 무시할 수는 없다." 그들은 덜 먹고 전반적으로 칼로리를 덜 소모하기 위해서는 공복감을 만족시키지 못하는 식품이나 성분을 피해야 한다고 주장했다. 새 연구의 결과에 따르면, 그러한 식품은 과당 첨가 식품과 음료라는 뜻이다.

3-4 액상과당과 비만 간의 관계

사이큐리어스 블로그

2009년에 액상과당(HFCS)에 관해 포스팅한 적이 있다. 그 포스팅을 조사하면서 HFCS의 화학적 성질, 설탕과의 유사점과 차이점, 그리고 허리둘레에 미치는 영향에 관한 현재의 문헌을 파헤쳐보았다. 당시 필자는 과당 자체가 몸에 좋지 않음은 알겠지만 데이터는 아직 확실하지 않다는 결론을 내렸고, HFCS의 영향 및 전반적으로 식사에서 설탕이 크게 증가한 영향 간의 차이를 아직 구분할 수도 없었다.

이번에 약리생화학행동학회지(Pharmacology, Biochemistry, and Behavior)에 2010년에 보카슬리(Bocarsly) 외 연구자들이 발표한 〈액상과당이 쥐에서 비만 특징을 유발하며, 체중, 체지방 및 트리글리세라이드* 수치를 증가시킴〉이라는 논문을 발견했다. 그리고 이 주제를 다시 다뤄달라는 요청을 받았다. 어쩌면 확신을 할 수도 있었다. 하지만 아직은 확신을 못하는데, 이제 그 이유를 말하겠다.

* 혈액 속의 중성지방 성분으로, 콜레스테롤과 함께 동맥경화를 일으킨다.

이 논문은 2010년에 발표되었고, 당시 이 논문은 약간의 소란을 일으켰다. 모든 사람은 HFCS를 혐오하고 싶어 하고, 여러 연구들은 HFCS와 보통 설탕 간의 차이가 비교적 적다는 점을 보였지만(신진대사에는 약간의 차이가 있긴 한데 이 부분은 다시 이야기하겠다), 현재까지 그와 관련된 유일한 실제 데이터는 미국인들이 전체적으로 살이 더 찌고 있고 미국인 모두가 HFCS를 많이 먹고 있다는 것뿐이다.(단 그렇지 않은 사람들은 예외이다. 여유 있는 일부 미국인들은 이 논점을 매우 두려워하기 때문에 HFCS를 기피한다.)

그리고 이 논문이 나왔다. 일부는 이 논문이 HFCS 폐해의 진짜 증거라고 외쳤다. 다른 사람들, 특히 HFCS 업계에 있는 사람들은 이 논문이 실제 증거가 없는 조잡한 과학이라고 비판했다. 필자는? 음, 둘 다일 수 있다고 본다.

그런데 일단 HFCS가 무엇인가? 설탕은 두 가지 단당류의 조합인데, 단분자 당분인 포도당과 과당이 조합된 것이다. 이 둘을 합치면 자당, 즉 세계가 좋아하는 이당류로 결합된다.

HFCS는 기본적으로 자당이다. 아닌 부분만 빼고 말이다. 가장 보편적인 HFCS의 화학적 구성은 과당 55퍼센트와 포도당 42퍼센트이다.(100퍼센트가 안 되는 것은 다른 물질들이 약간 포함되기 때문이다.) 이는 과당과 포도당이 가급적 모두 결합하되 과당이 약간 남아서 떠돈다는 뜻이다. 그리고 과당은 포도당보다 더 달다. 따라서 포도당보다 과당의 비율이 더 높으면 화합되지 않은 과당이 더 많고 음료가 더 달다. 이론상 그렇다. 실제로는 두 요소의 비율이 그렇게 차이가 나지 않고, HFCS의 단맛도 대략 비슷하다. 여기서 큰 차이는 가격이다. HFCS는 자당에 비해 엄청나게 더 싼데, 그 이유는 미국 정부가 옥수수에 보조금을 지급하기 때문이다. 이 때문에 시간이 흐르면서 가공식품을 생산하는 업체들이 설탕 대신 HFCS로 만든 더 낮은 가격의 제품을 생산하기 더 쉬워졌다.(지켜보고 있다, 코카콜라!) 이는 수익을 더 높일 수 있다는 뜻이다.

3-4

회사 입장에서는 HFCS의 유혹을 거부하기 힘들다. 일부 식품, 특히 즉석식품에서 HFCS를 피하기 힘들어지고 있는데, HFCS는 땅콩버터, 젤리, 심지어 빵에도 들어 있다. 더 비싼 제품을 선택할 수 없는 사람들은 특히 HFCS를 피하기가 힘들다.

물론 HFCS에 문제가 있을지도 모른다. 알다시피 미국인들은 비만 유행성이 진행 중이다. 미국인들은 지난 몇 년간 몸무게가 상당히 늘었고 우리는 그 이유가 알고 싶다. 이왕이면 문제를 간편히 해결하기 위해 손가락질할 수 있는 무언가를 원한다. HFCS는 그 적당한 후보인데, 이 성분은 미국인들이 뚱뚱해지기 시작한 시점에 널리 퍼졌고, 이름이 완전히 '부자연'스럽게 들리며, 이를 없애버리기가 비교적 쉬울 것이고 생활 습관과 식품 업계의 기초를 바꾸기보다 분명히 훨씬 쉬울 것이다.

하지만 HFCS가 미국인이 뚱뚱해지기 시작한 즈음에 나타났다는 것이 HFCS가 비난받아야 한다는 뜻은 아니다. HFCS만이 최근에 증가한 유일한 요소가 아니며, 세상 전체가 예전보다 훨씬 더 달고, 더 짜게 바뀌었다. 이는 음식과 습관의 전반적인 변화일 수 있다. HFCS와 비만 간의 인과관계는 전혀 없다. 무작정 손가락질하기는 쉽지만, HFCS 섭취가 체중 증가를 유발한다는 실제 증거가 필요하다.

그럴 때 이 논문이 나왔다. 이 연구에서 저자는 쥐가 HFCS를 먹은 세 가지 조건을 검토했다.

1) 수컷 쥐를 네 가지 다른 조건에서 2개월간 먹인다. 음식을 통해 12시간 또는 24시간 동안 HFCS를 섭취하는 경우, 12시간 동안 음식을 통해 자당을 섭취하는 경우, 음식만 먹는 경우로 구분한다.
2) 수컷 쥐를 세 가지 다른 조건에서 6개월간 먹인다. 음식을 통해 12시간 또는 24시간 동안 HFCS를 섭취하는 경우, 음식만 먹는 경우로 구분한다.
3) 암컷 쥐를 네 가지 다른 조건에서 7개월간 먹인다. 음식을 통해 12시간 또는 24시간 동안 HFCS를 섭취하는 경우, 12시간 동안 음식을 통해 자당을 섭취하는 경우, 음식만 먹는 경우로 구분한다.

마지막에는 쥐들의 체중, 쥐들이 당류를 얼마나 소비했는지, 그리고 일부 경우에는 혈액의 트리글리세라이드 수치를 측정했다.

연구자들은 음식을 통해 24시간 HFCS에 노출된 수컷과 암컷 쥐들이 음식만 먹은 경우보다 체중이 더 증가했고, 6~7개월 후에는 24시간 HFCS를 섭취한 수컷과 암컷 쥐들의 트리글리세라이드 수치가 높아졌음을 발견했다. 마지막으로, 24시간 HFCS를 6~7개월 섭취한 수컷과 암컷 쥐들은 음식만 먹은 경우에 비해 복부의 지방 무게가 더 나갔다.

"HFCS를 먹으면 살이 찐다!!! 우리는 모두 죽은 목숨이다!"

아니면 최소한 실험 경과에 대한 해석 중의 한 가지가 그럴 수 있다.

일부 사람들은 이를 곧바로 HFCS와 옥수수 산업이 악마임을 보여주는 우리에게 필요한 진짜 증거라고 여기겠지만, 다른 사람들은 곧바로 이를 의심스러운 결과라고 보았다. 필자는 양측 모두에게 어느 정도 이유가 있다고 본다. 이 연구 결과는 쥐들의 체중 증가를 보이고 있지만 그룹화가 서툴고, 모든 그룹이 다르게 취급되고(왜 실험 기간이 수컷은 6개월이고 암컷은 7개월이었나?), 그 결과가 … 매우 일관적이지 않다. 8주 실험 그룹에서는 12시간 HFCS 섭취 그룹의 체중 증가가 24시간 HFCS 섭취 그룹보다 더 컸고, 6개월 실험 수컷에서는 12시간과 24시간 실험 그룹의 체중 증가가 더 컸으며, 7개월 실험 암컷에서는 24시간 실험 그룹만이 체중 증가가 더 컸다. 6개월 실험 수컷과 7개월 실험 암컷은 복부 지방 수치가 비슷하게 일관되지 않았는데, 수컷은 12시간 섭취 그룹의 복부 지방이 더 컸고, 암컷은 24시간 섭취 그룹만이 복부 지방이 더 컸다. 이것이 수컷과 암컷의 성별 차이의 결과일 수도 있지만, 필자는 비슷한 실험 기간과 조건이 주어지지 않는다면 이 결과를 분석할 수 없다고 진심으로 생각하며, 연구자들은 그런 기간과 조건을 만들지 않았다. 트리글리세라이드 그룹에서도 결과들이 계속해서 정말로 일관되지 않았다.

마지막으로, 내 생각에 이 연구에 대한 다른 사람들의 가장 큰 비판은 다음과 같다. 저자들은 첫 번째 그룹에서 얼마나 많은 HFCS와 자당을 소비했는지를 측정했고, 자당을 마신 쥐들이 실제로 그 음료에서 더 많은 칼로리를 얻는다는 것을 알았다. 하지만! 연구자들은 총 칼로리 섭취는 전혀 측정하지 않았다. 전혀. 그리고 그들은 장기적 동물 실험에서 HFCS와 자당 소비를 전혀 측정하지 않았다. 그 이유를 파악하기는 어렵지 않다. 쥐는 음식을 지저분하게 먹기 때문에 얼마나 많은 음식이 배로 들어가고 땅에 떨어졌는지를 파악하기 힘들 수 있는데, 이 점이 꽤 큰 문제라고 생각한다. 일부 연구에서는 쥐가 자당을 더 많이 먹을수록 음식을 덜 먹어서 이를 상쇄한다는 결과를 보였다. 여기서도 그것이 진실일까? HFCS의 경우는 어떨까? 쥐들은 총 칼로리를 더 많이 혹은 적게 소비했을까?

이 연구에 대한 다른 사람들의 가장 큰 비판이 이 지점이다. 필자는? 그 이상이다. 연구자들은 첫 번째 그룹에서 혈액의 포도당 수치를 검사했는데 두 번째 그룹에서는 하지 않았다. 왜 그랬는지 궁금하다. 특히 포도당 수치를 측정하기가 말도 안 되게 쉽기 때문에 더 이해가 안 된다. 그리고 두 번째로, 필자는 HFCS를 먹은 쥐의 체중이 더 늘었다는 것을 믿는다. 분명히 그렇다. 하지만 일관된 결과는 24시간 HFCS 조건 혹은 음식만 섭취한 조건에서만 나타난다. 자당을 볼 때는 12시간 섭취 조건에서의 결과만이 제시되었다. 24시간 자당 조건은 어디로 갔는가? 쥐들이 마찬가지로 무게가 증가할 것인가? 정말 순수하게 궁금하다.

마지막으로, 필자의 가장 큰 비판은 이렇다. 쥐들의 체중이 증가한 기제가 무엇이냐는 것이다. 왜 HFCS가 더 많은 체중 증가를 유발했는가? 이 연구의 저자들은 이 점을 다루지 않았다.(데이터는 그 점에 있어서 약간의 사전 준비가 된다.) 다른 연구에서의 견해는 HFCS가 자당과 같은 방법으로 렙틴(leptin)과 같은 식욕 호르몬을 활성화시키지 않는다는 것인데, 이는 포만감을 느끼지 않아서 음식을 더 먹는다는 뜻이다.(이 점은 과당만을 이용하는 쥐 실험에서는 대개 그렇지만, 사람은 과당만 먹으면 불쾌해지므로 정말로 같은 조건은 아니다. 설사가 불쾌한 것처럼 말이다. 그들은 자당에서도 비슷한 결과를 얻었는데, 저자들은 이 논문에서는 자당은 알아보지 않았다.) 하지만 여기서는 렙틴 수치가 안 보인다. 그렇다면 왜인가? HFCS가 어떻게 복부 비만을 유발하는가?

정말 기본적으로, 필자는 쥐의 체중이 늘었다는 것을 믿는다. 그 점은 아주 분명하다고 생각한다. 하지만 HFCS 때문인지 아니면 칼로리 소모가 많았기 때문인지를 알고 싶다. 이는 동일한 자당 섭취와 비교함으로써 가능한데, 연구자들은 이러한 비교를 하지 않았다. 그리고 어떻게 그렇게 되는지를 알고 싶다. 이러한 HFCS 조건에 있는 사람들(혹은 쥐들)이 렙틴 저항력이 더 높은가? 인슐린 저항력이 더 높은가? 그 기제가 무엇인가? 그 기제가 파악되면 필자는 정말로 HFCS가 악마라고 확신할 수 있을 것이다. 그 전까지 필자는 본인이 믿어온 것, 즉 우리 세상은 대체로 너무 달고 우리의 1인분은 너무 많으며, HFCS 때문이든 설탕 때문이든 코카콜라는 칼로리가 너무 많다는 사실을 믿는다.

설득 당할 의사는 여전히 있다.

3-5 식품 중독?

올리버 그림

일과 중 오랜 동안 여전히 사무실에 있다. 혈당이 곤두박질치고, 뇌는 이런 생각에 사로잡힌다. 어디서 음식을 구할 수 있을까? 돈을 모아서 거리를 지나 패스트푸드점으로 달려간다. 하지만 기름진 버거를 베어 물면서 갑자기 가책을 느낀다. 내가 뭘 하고 있는 거지?

많은 사람이 이런 일을 흔히 겪는다. 배고픔은 일시적이지만 강력하기 때문에 최선의 영양을 추구하는 마음을 압도할 수 있다. 공복감이 없으면 의식적 행동을 주관하는 대뇌가 우리를 건강하게 만들도록 돕고 무엇을 먹을지에 관한 결정에 영향을 미칠 것이다. 하지만 배가 꼬르륵거리기 시작하면 너무 많은 경우 뇌에서 오는 훌륭한 조언을 듣지 않게 된다. 불행하게도 우리 배가 명령하는 근시안적 결정은 건강에 점차 악영향을 미치고 있다.

최근 몇 년 동안 과식과 비만에 관한 연구의 속도가 빨라졌는데, 그럴 만한 이유가 있다. 과체중이 심혈관 질환 및 당뇨병에 가장 중요한 위험 인자이기 때문이다. 미국 질병관리본부와 국립암연구소 연구자들의 논문에 따르면 비만은 미국에서 2000년도에 11만 2,000여 명의 사망과 관련이 있었다고 한다. 또한 2002년에 《헬스 어페어(Health Affairs)》 저널에서 수행한 연구에서는 과체중 및 비만에 관한 연간 의료비 지출이 최대 926억 달러이며 이는 미국 건강 비용의 9.1퍼센트에 해당한다고 추산한다. 의사들은 비만을 체질량지수

(BMI)가 30을 넘을 때라고 정의한다. BMI가 25를 넘으면 과체중이다. 2003년과 2004년의 미국 국민건강영양조사에 따르면 이 기준을 적용할 경우 미국 성인 중 3분의 1이 과체중이고 또 다른 거의 3분의 1은 비만이다.

'멈춤' 호르몬

과학자들은 그 원인을 조사하면서 오랫동안 신진대사 호르몬에 초점을 맞춰왔다. 1994년에 록펠러 대학교의 제프리 프리드먼(Jeffrey M. Friedman)은 지방조직 혹은 지방이 음식물의 추가 섭취를 막을 수 있는 피드백 기제를 가졌음을 발견했다. 실제로 지방세포는 피를 거쳐 뇌의 시상하부로 가서 공복감을 억제하는 단백질을 분비한다. 프리드먼은 이 물질에 렙틴(leptin)이라는 이름을 붙였는데, 이는 마르다(thin)는 의미인 그리스어 렙토스(leptos)에서 유래했다.

연구자들이 쥐들에게 렙틴이 기능하지 못하도록 유전자를 조작하자 쥐들은 빠르게 비만이 되었다. 이 결과로 인해 일부에서는 비만의 원인이 잘못된 피드백 기제에 불과하며, 사람의 습관이 아닐지도 모른다고 추측하였다. 하지만 더 면밀한 조사에서는 이러한 해석이 너무 일방적이라고 밝혀졌다. 현재 우리가 아는 렙틴은 중독성 행동에도 중요한 역할을 한다. 헤로인에 중독된 실험동물은 배가 고플 때 금단현상을 더 많이 겪는다. 아마도 이 포만 호르몬이 음식에 대한 갈망뿐만 아니라 특정한 약물에 대한 갈망도 억제하는 듯하다.

식품은 마약인가?

다이어트를 해본 사람이라면 오랜 습관을 버리기 힘들다는 것을 안다. 과체중인 사람들을 일종의 중독으로 보아야 할까? 이 비교는 얼핏 보면 설득력이 없어 보인다. 어쨌든 음식을 너무 많이 먹는 사람의 식품 내성이 커지지는 않고, 과체중으로 다이어트를 하는 사람은 분명히 금단현상으로 인해 끔찍한 신체적 증상을 겪지도 않는다. 하지만 비만인 사람들은 다소 의존성 특징을 나타내며, 다른 욕구를 무시할 정도로 먹으려는 강한 충동과 자제력 상실을 보인다.

약물중독과 폭식은 신경생물학적 측면에서 다르지 않다. 중간뇌에서 측좌핵이라는* 구조로 이어지는 신경섬유 묶음에서는 신체가 놀라움이나 즐거움을 느낄 때 신경전달물질인 도파민을** 비정상적으로 많이 분비한다. 예를 들어 어느 배고픈 사자가 좋은 고기 한 점을 발견하면 측좌핵에 도파민이 넘친다. 그와 마찬가지로, 코카인과 암페타민은 측좌핵의 도파민 수준을 최소한 10배로 늘려서 쾌감이 밀려들도록 한다.

* 뇌에서 동기, 보상, 쾌락을 담당하는 부위이다.

** 중추신경을 흥분시키는 작용을 한다.

이 보상 시스템은 시상하부를 제어해서 다른 기능들과 함께 식습관도 통제한다. 도파민을 더 이상 생산하지 않도록 유전적으로 조작된 쥐들은 이 관계가 얼마나 중요한지를 잘 보여준다. 이 동물들은 어떤 것도 먹으려는 모든 욕구를 잃고 그저 굶는다. 하지만 도파민이 제공되면 식습관이 정상으로 돌아간다.

2001년에 미국 국립브룩헤이븐연구소의 진잭왕(Gene-Jack Wang)과 미국 국립약물남용연구소의 노라 볼코프(Nora Volkow)는 도파민이 식사에서 중요한 역할을 한다는 점을 확인했다. 그들은 양전자 방출단층촬영(이하 PET)을* 이용해서 과체중인 지원자의 선조체** 내의 도파민수용체 양을 측정했으며 이 양을 BMI와 면밀히 대조했다. BMI가 더 높은 사람은 도파민수용체가 더 적었다. 연구자들은 약물중독과 마찬가지로 극도의 과체중인 사람은 도파민 부족에서 고통을 느끼고 식품 형태의 새 보상을 계속 추구하게 된다는 결론을 얻었다. 하지만 뇌는 그 후 도파민수용체의 수를 줄임으로써 과도한 도파민을 상쇄한다. 이러한 기제는 코카인 중독에서도 발생한다고 알려져 있다.

* 방사성의 약품을 체내에 주입하고 그로부터 나오는 감마선을 검출하여 단층 영상을 만드는 방법.

** 뇌에서 쾌락, 흥분, 매력과 관련된 정보를 처리하는 부위이다.

다양한 뇌 체계를 대상으로 한 1930년대의 한 조사에서는 유인원이 먹는 기계가 되었다. 독일의 신경과학자 하인리히 클뤼버(Heinrich Kluever) 및 미국 동료인 폴 부시(Paul C. Bucy)는 동물의 뇌에서 흥분 및 감정적 반응과 관계되는 편도체를 파괴했다. 그 결과는 그 부분이 포만감에 역할을 한다는 점을 보여주었다. 듀크 대학교의 케빈 라바(Kevin LaBar)는 2001년에 이 연구 주제를 선택해서, 일곱 명을 대상으로 식품 혹은 식품이 아닌 사진을 보았을 때의 자기공명영상(MRI)*** 스캔을 했

*** 자기장을 발생하는 통속에 고주파를 발생시켜 그 안에 있는 신체의 수소원자핵을 공명시켜서 신호의 차이를 컴퓨터로 재구성해 영상화하는 기술.

다. 실험 대상자들은 건강하지만 배가 고팠고, 실험 직전에 여덟 시간 동안 단식을 했다. 실험을 한 후에는 원하는 음식이 제공되었고 그 후 다시 한 번 MRI 스캔을 했다.

이러한 방법으로 라바는 배고픈 사람과 허기를 채운 사람의 뇌 활동을 비교할 수 있었다. 그는 배고픈 실험 대상자가 먹을 것을 보았을 때 순간적으로 편도체가 활성화되는 것을 발견했다. 그렇지만 음식을 먹은 후에는 뇌의 이 영역이 더 이상 반응하지 않았다. 에머리 대학교의 클린턴 클리츠(Clinton Kilts)와 동료들은 대략 비슷한 시기에 코카인 중독에 대해서 비슷한 실험을 수행했다. PET 스캔에 의해 밝혀진 바에 따르면, 대상자에게 하얀 가루로 된 가는 선을 포함해서 그들을 분명히 흥분시킬 영상을 보여주면 역시 편도체가 즉시 반응했다. 분명히 편도체는 일종의 알람 벨처럼 작동한다. 큰 뱀이나 맛있는 샌드위치같이 생물의 생존에 중요한 무언가를 감지하면 이 벨이 울린다.

습관적 과식

그렇지만 또 다른 뇌의 영역인 안와전두엽(이하 OFC)이 인간의 중독과 관계된다. OFC는 눈 바로 위의 전두엽(frontal lobe)에* 있으며, 우리 행동을 관장하는 컨트롤센터 역할을 하는 것으로 보인다. 예를 들면 OFC가 사고나 질병으로 손상된 사람은 자제력을 잃는 경우가 많다. 그들은 충동적으로 행동하고 어느 정도 중독성 습관을 보인다. 그리고 OFC는 건강한 사람에 비

*뇌에서 고차원적이고 이성적 사고를 담당하는 부위이다.

해 약물중독자에게서 상당히 덜 활성화된다.

2001년에는 현재 예일 대학교에 있는 다나 스몰(Dana M. Small)이 OFC가 식품과 관련된 쾌락과 혐오감도 처리한다는 것을 실증했다. 그녀는 아홉 명의 대상자가 자신들이 좋아하는 초콜릿을 혀에서 녹이게끔 하고 이를 PET로 스캔했다. 감각적 유입과 관련된 영역의 뇌 활동이 증가했지만 OFC의 활동은 더욱 증가했다. 그 다음 연구자들은 실험 대상자들에게 초콜릿을 먹는 기쁨이 역겨움으로 바뀔 때까지 초콜릿을 먹으라고 요청했다. 그러자 그렇게 되는 시점에서 OFC의 중앙부가 갑자기 꺼졌고, 그 대신 인접 영역인 측면 OFC의 활동이 증가했다.

이 모든 실험들은 한 가지 견해를 뒷받침한다. 즉 뇌는 음식 섭취와 관련된 자극을 다른 중독성 자극에 대한 반응과 정확히 같은 방법으로 처리한다는 것이다. 따라서 일부 비만 환자들의 경우에는 호르몬 불균형이 문제라고 직접적으로 밝힐 수 있기는 하지만, 행동 조절이 상당한 역할을 한다.

뇌가 공복감과 포만감을 어떻게 처리하는지를 더 잘 이해하게 되면 과식과 비만에 대한 더 효과적인 치료법을 개발할 수 있기를 바란다. 약물중독을 치료하기 위해 개발된 약이 이미 다소의 가능성을 보인다. 예를 들면, 아편중독과 관련된 쾌락을 차단하는 아편 작용 억제제인 날트렉손(naltrexone)을 복용하는 환자는 통상 체중 증가가 멈춘다. 내생 카나비노이드(endogenous cannabinoid)* 시스템 수용체를 차단하는 리모나반트(rimonabant)라는**

* 뇌에서 생산되는 신경전달물질로, 통증을 억제하고 기분을 좋게 만드는 등과 같이 마약과 비슷한 작용을 한다.

또 다른 약물은 일부 환자의 체중 감량에 많이는 아니어도 도움이 된다.

물론 상담, 운동, 건강한 식습관이 다른 것보다 더 나은 결과를 가져온다. 하지만 신경생물학은 현재 그러한 방법들이 왜 아주 어려울 수 있는지를 잘 보여준다. 즉 그 차이점들에도 불구하고, 약물중독과 비만은 동전의 양면과 같아 보인다.

** 2000년대 중반 경부터 비만 치료제로 상용화가 추진되었으나, 정신과적 부작용 문제로 인해 결국 시장에서 퇴출되었다.

4

안전한 식품

4-1 여러분의 음식은 오염되었는가?

마크 피셰티

세계는 말할 것도 없고 미국에서 매일 포장되고, 구매되고, 소비되는 수십 억 가지 식품을 보면 오염된 식품이 매우 적다는 사실에 놀랄 만하다. 하지만 2001년 9월 11일의 테러 공격 이후 '식품 보안' 전문가들 사이에서는 극단주의자들이 대중을 죽이거나 혹은 신뢰를 무너뜨려서 경제를 망치려고 식량 공급물자에 독을 탈지도 모른다는 우려가 점차 커졌다. 그와 함께 식용 제품 생산은 더 중앙집권적이 되었고, 식품이 세계의 농장이나 가공 공장에서 저녁 식탁까지 가는 과정에서 자연적이거나 의도적으로 주입된 오염물질의 확산이 가속화되고 있다. 최근 약물과 살충제를 함유한 중국의 해산물을 규제한 사건에서 입증되었듯, 수입품에서도 또 다른 위험이 생기고 있다.

먹거리의 오염을 막을 수 있을까? 그리고 독소나 병원균이 공급망에 침투한다면 이를 빠르게 감지해서 소비자의 피해를 줄일 수 있을까? 더 엄격한 생산 절차가 대중을 보호하는 데 크게 도움이 될 수 있으며, 거기에 실패한다면 더 스마트한 모니터링 기술이 최소한 피해를 억제할 수 있다.

보안 강화

테러리스트나 불만을 품은 직원이 우유, 주스, 농산물, 육류, 기타 먹거리를 오염시키지 못하도록 막는 것은 중대한 문제이다. 식품 공급망은 미로와 같은 단계들로 구성되며, 사실상 모든 부분에서 조작의 기회가 있다. 아이오와 주립대학교 농업 및 농촌 개발센터의 경제학 교수 데이비드 헤네시(David Hennessy)는 "공급망이 상품마다 다르"기 때문에 전반적인 해결책은 없어 보인다고 말한다. "유제품 보호는 사과주스 보호와 다르고, 사과주스 보호는 소고기 보호와 다르다."

주어진 공급망 안에서도 기술을 바탕으로 하는 즉효 약은 거의 없다. 오염 방지는 대체로 공장의 물리적인 보안과 각각의 가공 절차를 엄격히 하는 것으로 귀결된다. 미네소타 대학교에 있는 국립 식품보호 및 안보센터 소장 프랭크 부스타(Frank Busta)는 농부, 목장주, 가공업자, 포장업자, 운송업자, 도매업자, 소매업자 각각이 "시설 및 절차에서 가능한 한 모든 취약점을 파악하고 모든 허점을 막아야 한다"고 말한다. 이 노력은 부스타 소장이 "문, 총, 경비(gates, guns and guards)"라고 자주 표현하는 표준적인 시설 접근 통제에서부터 시작하지만, 항상 전체 시설의 모든 시점에서 직원들을 철저히 검사하고 제품을 주의 깊게 표본 추출하는 데까지 이른다.

이 조언은 물론 타당해 보이지만, 운영자 입장에서는 어떻게 최선의 확인 절차를 만들 것인가가 어려운 점이다. 최근 몇 년 간 식품 보호를 위한 몇 가지 시스템이 출시되었다. 규제 기관이 이 시스템들을 강제하지는 않지만 부스타 소장은 생산자가 이를 도입해야 한다고 강력히 권고한다. 미국에서는 2002년의 생물학테러법(Bioterrorism Act)과 2004년의 대통령령과 같은 입법으로 인해 그 동기가 더 강해졌다. 이 두 법안은 원료 공급자가 더 면밀하게 정밀 조사를 하고 더 엄격하게 제작 절차를 통제하기를 요구한다.

부스타가 권고하는 주된 보호 시스템은 군의 실무에서 차용한 것이다. 미 식품의약국(이하 FDA)과 농무부가 현재 홍보하는 가장 새로운 수단은 카버 쇼크(CARVER+Shock, 나이프와 충격)라는 어색한 이름을 가지고 있다. 이 시스템은 국방부가 각 군의 가장 큰 취약점을 파악하는 데 사용하는 절차를 응용하였다. 플로리다 대학교의 식품영양학과 부교수 키스 슈나이더(Keith Schneider)는 "카버 쇼크는 기본적으로 완전한 보안 검사"라고 말한다. 이 방법은 시스템의 모든 연결점들을 여러 종류 공격의 성공 가능성에서부터 주어진 종류의 침투가 유발할 수 있는 공중보건을 비롯한 경제적 및 심리적 영향(이 요소들이 합쳐져서 '충격' 값이 된다)에까지 이르는 요소들로 분석한다.

오염물 추적

절차를 얼마나 엄격하게 통제하든 간에, 단호하게 결심한 가해자라면 여전히 병원균이나 독약을 탈 방법을 찾을 수 있을 것이다. 그리고 살모넬라와 같은 자연 병원균은 언제나 문제가 된다. 따라서 이러한 물질들을 탐지하고, 오염된 장소를 역추적하고, 결국 어느 식품점과 식당의 식품이 오염되었는지를 추적하는 일이 무엇보다 중요하다. 슈나이더는 그러한 시스템을 준비하는 것이 "예방만큼이나 중요하다"고 말한다.

여기서 새 기술이 큰 역할을 하는데, 즉 공급망의 여러 지점에서 다양한 감지기를 사용한다. 오하이오 주립대학교의 식품공학과 학과장 켄 리(Ken Lee)

는 "어느 한 식품에서 한 가지 기술만으로 모든 오염 가능성에 대응하리라 기대할 수는 없다"고 지적한다.

다양한 하드웨어가 개발되었으나, 단 이제까지 상용화된 것은 거의 없다. 무선인식(radio-frequency identification, 이하 RFID) 태그가 그중 가장 널리 쓰이는데, 이는 부분적으로 국방부와 월마트가 주 공급업체에게 팔레트 또는 케이스에 식품 표식을 붙이라고 요구하기 때문이다. 독일의 메트로 AG(Metro AG) 슈퍼마켓 체인점도 같은 조치를 취했다. 궁극적 의도는 농장, 과수원, 목장, 식품 가공기부터 포장, 운송, 도매상에 이르는 공급망의 각 단계에서 자동 리더기로 태그를 스캔해서 중앙 기록소에 각 품목의 위치를 보고하게끔 하는 것이다. 그렇게 하면 문제가 발견된 경우 그 물량이 어디서 왔는지 그리고 어느 상점이나 시설이 그 물량의 상품을 언제 수령했는지를 조사관이 빠르게 파악할 수 있다. 또한 소매상도 상품의 태그를 읽어두면 후에 의심되는 품목이라고 파악된 제품을 수령했는지 여부를 알 수 있다.

RFID 태그가 더 작아지고 저렴해짐에 따라 개별 품목, 즉 모든 시금치 봉지, 땅콩버터 병, 새우 통, 개사료 포대 등에 부착될 것이다. 플로리다 대학교 농생명공학과 교수 장피에르 에몽(Jean-Pierre Émond)은 "그렇게 하면 만약 리콜 문제가 생겼을 때 계산대에서 그 품목이 스캐너를 지나가면 이를 발견할 수 있다"고 말한다.

대학교와 업체들은 다른 종류의 태그를 개발하고 있는데, 그 일부는 매우 저렴하고 다른 경우는 좀 더 비싸지만 폭넓은 정보를 제공한다. 예를 들면 어떤 장치는 음식이 고온에 노출되어서 대장균이나 살모넬라가 잠복할 가능성이 더 높을 때 이를 감지할 수 있다. 다른 태그로는 이 품목이 공급망의 각 지점 사이에서 이동하는 데 얼마나 오래 걸렸는지를 추적할 수도 있는데, 그러면 누군가 개입했을 가능성이 제기될 만큼 비정상적으로 지연된 품목을 파악할 수 있다. 활성 포장이라는 방법을 이용하면 오염을 직접 감지해서 소비자에게 그 제품을 먹지 말라고 경고를 할 수 있다.

물론 모든 표식을 가로막는 장애물은 가격이다. 에몽은 "현재는 상추 통에 RFID 태그를 부착하는 데 25센트가 들어간다"고 지적한다. "하지만 그 정도 비용이라면 일부 재배자에게는 그 통을 팔아서 나오는 수익과 같다."

따라서 태그가 널리 받아들여지려면 공급자나 구매자에게 추가적인 가치가 제공되어야 한다고 그는 말한다. 그의 대학교는 퍼블릭스 슈퍼마켓(Publix Super Markets) 및 플로리다와 캘리포니아의 농산물 공급자들과 함께 이 가능성을 평가하는 프로젝트를 수행하고 있다. 초기 시험에서는 재배자에게서 퍼블릭스의 배송 센터 몇 곳으로 운송되는 상자와 팔레트를 태그로 추적했다. 여러 지점에서 태그를 스캔해서 얻은 정보는 데이터 보안 업체인 베리사인(VeriSign)이 개설한 보안 인터넷 사이트를 이용해서 모든 회사들이 이용할 수 있었다. 이렇게 수집된 정보 모음으로 참가자들이 더 빠르게 주문 차이를 해결하고, 식품이 얼마나 오래 재고로 방치되었는지 기록하고, 운송 효율성을 높이는 방법을 찾을 수 있었다. 이 프로젝트 그룹은 시험의 범위를 소매점으로 확대할 계획이다.

공급자 통제

신기술들이 널리 사용되어야 비용이 낮아질 텐데, 식품 보안 분석가들은 분명하고 현대적인 규정이 제정될 때까지는 신기술들이 채택되지 않을 것 같다고 말한다. 결국 정부 최고위급이 마음을 바꿀 때까지는 전망이 불분명할 것이다. 리 학과장은 "십여 개 이상의 연방 기관들이 식품 안전의 몇 가지 측면을 감독한다"고 지적하면서, 그 기관들 간에는 간단한 협조조차 쉽지 않고 민감한 요구사항의 능률적인 승인은 이루어지기가 훨씬 더 힘들다고 설명한다. 곤충학 및 식물병리학 교수 재클린 플레처(Jacqueline Fletcher)는 FDA가 치즈 얹은 피자를 감독하지만, 피자에 육류를 얹으면 미 농무부가 이를 감독한다고 비꼬아 말한다. "유기농 농부를 위한 요구 사항은 일반 농부를 위한 요구 사항과 다르다."

최근의 리콜 사건에 자극을 받은 국회의원들은 현대식 통제 시스템을 요구했다. 일리노이 주 상원의원 리처드 더빈(Richard Durbin)과 코네티컷 주 하원의원 로사 델라로(Rosa DeLauro)는 단일한 식품 안전 기관을 지지하지만, 밥그릇 싸움이 그 목표를 추진하는 데 방해가 되어왔다.

전문가들은 더 효율적인 정부를 만들려는 목표는 승산이 없다고 우려하면서, 더 많은 주의를 기울일 책임이 주로 식품 공급자의 몫이라고 말한다. 국립 식품보호 및 안보센터 숀 케네디(Shaun Kennedy)는 "국제적 식품 오염을 멈추기 위한 가장 강력한 수단은 공급망 검증"이라고 말한다. 이는 돌(Dole)과 같은 저명한 업체 또는 세이프웨이(Safeway)와 같은 식품점 체인이 공급망에 참여하는 모든 회사들에게 최신의 보안 절차와 감지, 추적, 조회 기술을 도입하도록 요구하고 그렇지 않을 때는 해당 회사를 공급망에서 탈락시켜야 한다는 뜻이다. 또한 브랜드 업체들은 검사나 그 밖의 방법으로 요구 사항 준수 여부를 입증해야 한다. 그 동기 부여는 저명한 업체의 몫인데, 그 이유는 그들이 잃을 것이 가장 많기 때문이다. 만약 천연 또는 인공 독소가 이를테면 돌의 시금치 봉지나 세이프웨이의 우유통에서 발견된다면 소비자는 그 상표를 기피할 것이다. "만약 유명한 업체가 상품을 보호하기를 원한다면," 케네디는 말한다. "거슬러 오르면 농장에까지 이르는 공급망의 모든 참가자를 검증해야 한다."

4-2 식중독의 숨은 유산

메린 맥케나

콜레트 지아들(Colette Dziadul)은 여러 해 동안 딸의 관절 문제 원인을 알아내기 위해 씨름했다. 현재 열네 살인 다나(Dana)는 유아기 때부터 무릎과 발목이 아프다고 호소했다. 아픔 때문에 밤에도 잠을 못 잤으며, 부모를 깨워서 진통제를 부탁했고 체육 시간에도 빠져야 했다. 그럼에도 불구하고 두 소아과 의사와 한 정형외과 의사는 이 문제가 더 자라면 사라질 '성장통'이라고 진단했다.

그 후 다나가 열한 살이 되었을 때 지아들은 식품매개 질병에 관한 설문조사에 참가했다. 설문지는 현재 명칭이 'STOP 식품매개 질병(STOP Foodborne Illness)'인 "최우선인 안전한 식탁(Safe Tables Our Priority)"이라는 기구에서 왔으며, 질환을 겪은 사람들이 회복한 자초지종을 조사하고 있었다. 다나는 세 살 때 병원에서 2주를 보냈는데, 살모넬라에 오염된 캔털루프를* 먹고 식중독에 걸린 50명 중 한 명이었다. 설문조사에 나열된 그 감염의 합병증 중에 반응성 관절염이라는 관절 손상 형태의 증상이 있었다.

*아프리카가 원산지인 멜론의 한 종류.

지아들은 할 말을 잃었다. 다나를 류머티즘 전문의에게 데리고 갔더니 의사는 그 고통이 관절염 때문이며 다른 이유는 없다고 확인해주었다. 그녀는 다나의 의료 기록을 다시 찾아보았다. 그리고 병원에서 10일째 되던 날 다나가 다리를 절면서 관절 통증을 호소했다는 간호사의 기록을 찾아냈다. 오랫동안 잊힌 이 증상들이 다나의 몸이 살모넬라 감염에 반응한 관절염의 첫 번째 징후였을까? 지아들은 "살모넬라와 관절염 사이에 관련성이 있다는 생각은 해본 적이 없다"고 말한다. "그리고 대부분의 의사들도 그런 생각을 하지 않았다."

며칠이면 끝난다고 생각하는 식중독이 일생에 걸친 후유증을 낳을 수 있다고 생각하면 무섭다. 의학 용어로 말하면 그러한 '후유증'의 발생 정도는 낮다고 생각되어왔지만, 최근까지 이 문제를 연구한 연구자들은 많지 않았다. 몇몇 과학 팀들이 얻은 새로운 결론들은 이러한 현상이 모두의 생각보다 더 흔하다는 점을 시사한다.

흔한 문제인가?

식품매개 질병은 초기의 급성 증상만이라도 공중보건에 엄청난 영향을 미친다. 2011년에 미 질병관리본부는 미국에서 식품매개 미생물로 인해 매년 4800만 회의 질병이 발생했고 12만 8,000명이 입원했으며 3,000명이 죽었다고 추산하였다.(유럽연합은 2009년에 4만 8,964회의 질병과 46명의 사망이 있었던 것이 가장 최근 기록이다.) 미 농무부 경제연구소는 세균 감염에 의한 식품매개 질병의 비용이 의료, 조기 사망, 생산성 손실을 따졌을 때 최소 67억 달러라고 추정한다. 만성적인 영향을 추적하려는 연구자들은 실제 비용이 훨씬 클 것이라고 말한다.

조사관들을 미국 전체에 파견하는 미네소타 보건부의 커크 스미스(Kirk Smith)는 "사람들은 식품매개 질병의 모든 결과를 이해하지 못한다"고 말한다. "사람들은 며칠만 설사를 하면 낫는다고 생각한다. 그들은 만성적 후유증의 전체 범위를 이해하지 못한다. 그리고 그 후유증 중 어느 것도 개별적으로는 흔하지 않을지도 모르지만, 모두 합치면 꽤 많다."

장기적인 영향은 다나처럼 입원했던 사람으로만 제한되지 않는다. 조사관들은 약간의 열병, 구토 또는 설사로 보이는 증상을 경험한 사람들도 기록했다. 식중독의 영향으로는 살모넬라 및 이질균 감염 이후의 반응성 관절염과 요로 문제 및 시력 손상, 캄필로박터* 감염 이후의 길랭바레 증후군** 및 만성 장염인 궤양성 대장염, 대장균 0157 : H7 감염 이후의 신부전 및 당뇨병이 포함된다. 이 미생물들은 매우 흔하다. 연방 조사관들은 육류, 우유, 가금류, 계란, 해산물, 과일, 채소, 심지어 가공식품에서도 이 미생물들을 확인했다.

* 동물을 통해 감염되는 식중독 균의 일종.

** 신경에 염증이 생기고 근육이 약해지는 희귀 질병.

연구자들은 식품매개 질병을 되짚어보면서 질환의 생존자들에게서 이 합병증이 있음을 확인하고 있으며, 그에 더해 발생할 수 있는 질병 목록을 추가하고 있다. 한 예로, 1997년에서 2004년 사이에 식품 때문에 앓은 적이 있는 스웨덴 주민 10만 1,855명에 대해 실시한 조사를 보면 이들은 대동맥류, 궤양성 대장염, 반응성 관절염을 가진 비율이 보통보다 높았다. 호주의 주요 지방 건강 데이터베이스에 대해 실시한 검토에서는 세균성 소화기 감염에 걸린 사람이 같은 지역과 장소에서 태어났지만 그러한 감염에 걸린 적이 없는 사람에 비해 또 다른 만성 장염인 궤양성 대장염이나 크론병에* 걸리는 비율이 57퍼센트 더 높았다. 그리고 2005년에 스페인에서 살모넬라가 창궐하고 몇 년 후 248명의 감염자 중 65퍼센트가 관절이나 근육의 통증이나 경화를 경험했다고 말했는데, 살모넬라에 감염되지 않은 통제 그룹에서는 그 비율이 24퍼센트였다.

*소화기관에서 발생하는 만성 염증성 질환.

미국에서는 종합적인 분석이 거의 수행된 적이 없다. 스미스에 따르면 식품 관련 조사는 전통적으로 질병이 돌고 있을 때 피해자를 찾아내서 인터뷰하는 것이 목표였다고 한다. 급성 질환은 길어야 몇 주 만에 끝나기 때문에 피해자에 대한 사후 추적에는 거의 주의를 기울이지 않았다. 그리고 사후 추적은 매우 복잡한 일일 수 있는데, 왜냐하면 피해자들이 여러 다른 의사들을 방문할 수도 있고 심지어 다른 주에 살 수도 있기 때문이다.

미국의 연구 중 2008년에 발표된 한 연구에서는 2002년에서 2004년 사이 미네소타와 오리건의 식품매개 질병의 피해자를 추적했다. 연구자들은 식품매개 질환 능동감시네트워크(이하 FoodNet)라고 하는 질병관리본부의 감시 프로젝트에서 수집한 기록을 기초로 접촉할 사람을 정했다. FoodNet은 10가지 종류의 미생물로 인해 발생하고 실험실에서 확인된 감염의 보고서를 수집하는 네트워크이다. 4,468명 피해자 가운데 13퍼센트인 575명에게서 이후에 반응성 관절염과 일치하는 증상이 보고되었다. 단 대부분은 다나와 달리 전문가의 진단을 받지 않았다.

식품매개 질병이 장기적으로 건강에 미치는 영향과 관련성은 우연의 일치일 수도 있지만, 그 옹호자들은 그럴 가능성이 희박하다고 말한다. 그 관계를 입증하는 더 좋은 방법은 피해자가 처음 병에 걸렸을 때 이를 파악해서 그 후 몇 년 동안 추적하는 것으로서, 이러한 연구 방식을 전향적 연구라고 한다. 세계적으로 그러한 연구가 약간 있는데, 북미에서 이루어진 유일한 연구이기도 하면서 최근에 끝난 한 연구는 충격적이면서 설득력이 있었다.

2000년 5월에 온타리오 주 워커턴에서 폭우로 인해 농경지의 퇴비가 대수층으로 쓸려가면서 식수가 대장균 O157에 오염되었다. 그 직후 마을 인구의 거의 절반인 2,300명 이상의 주민에게서 열과 설사가 나타났다. 2002년에 온타리오 정부는 워커턴 건강연구(Walkerton Health Study)에 자금을 지원해서 그 피해자들 중에 존재할지도 모르는 건강의 영향을 평가했다. 2010년에 이 연구 결과가 공개되었다. 크게 아프지는 않았던 주민들과 비교하면 질환 발생 당시 며칠에 걸쳐 설사를 한 사람은 질환 발생 8년 후에 고혈압이 발생할 가능성이 33퍼센트 높았고, 심장마비나 뇌졸중 위험이 210퍼센트 더 컸으며, 신장 질환의 위험이 340퍼센트 더 컸다.

이러한 결과는 대장균 O157 감염으로 인해 가장 심각한 증세를 겪은 사람으로만 제한되지 않았다. 더 가벼운 증상을 겪은 워커턴 주민들도 순환계 문제를 겪었는데, 이 문제들은 전향적 연구가 없었다면 대장균과 연계된 것으로 여겨지지 않았을 터이다. 수석 연구자이자 웨스턴 온타리오 대학교의 신장학

교수 윌리엄 클라크(William F. Clark)는 이 발견이 대장균 감염의 후발 효과가 얼마나 광범위할 수 있는지를 보여준다고 말한다. 클라크는 그러한 질병의 생존자들에게 혈압을 매년 체크하고 신장 기능을 2~3년마다 체크하라고 권고한다.

이 문제를 연구한 학자가 너무 적은 탓에 대부분 문제들은 환자 지원 그룹들 덕분에 빛을 보았다. 콜레트 지아들이 참가한 STOP의 원래 조사는 환자의 1인칭 시점에서 자료를 수집했다. 이후 2009년에 비영리단체인 식품매개질병 연구 및 예방센터에서 백서가 나왔는데, 이 백서는 의학 보고서들에 묻혀 있던 장기적인 후유증에 관한 연구를 발굴한 것이었다.

이 단체는 현재 미 식품의약국(FDA)에서 지속적인 사후 영향의 빈도를 가장 잘 연구할 방법을 연구하도록 승인을 받았다. 그 지지자들은 공중보건 기관들이 더 나은 피해자 파악 및 추적 구조를 만들기를 원하며, 클라크와 마찬가지로 피해자들이 예방적 의료 조치를 받아야 한다고 생각한다.

센터의 공동 창립자인 바버라 코발치크(barbara Kowalczyk)는 "우리는 질병의 진정한 후유증을 입증하기를 원하는데, 왜냐하면 정책입안자들이 그 점에 기초해서 공중보건의 우선순위를 결정하기 때문"이라고 말한다. "식품매개 질병의 급성 증상에만 중점을 두고 장기적인 건강의 영향에는 주의를 기울이지 않는 한, 이 문제가 얼마나 심각한지를 과소평가하게 될 것이다."

인터뷰 : 식중독의 더 큰 그림

스티브 머스키

편집자인 스티브 머스키(Steve Mirsky)가 건강 과학 칼럼니스트인 메린 맥케나(Maryn McKenna)가 쓴 식중독의 영향에 관한 놀랄 만한 기사들에 대해서 그녀와 대화를 나눴다. 다음 내용은 팟캐스트 녹취록이다.

스티브 시작하자. 당신 기사의 부제를 읽어보겠다. "대부분의 사람들은 식품매개 질병이 며칠간 불쾌한 열과 설사를 겪는 일이라고 생각하지만, 일부에게는 평생 영향을 미칠 수도 있다." 많은 사람이 놀랄 것이 분명하다. "그리고 그 영향의 일부는 정말로 인생을 바꿀 정도이다."

맥케나 그건 정말로 인상적이고 이제 겨우 알려지기 시작한 부분이며, 많은 사람이 놀랄 것이라는 데 동의한다. 왜냐하면 식품매개 질병이 미국에서 상당히 큰일인 이유 중 하나는 대부분의 사람들이 이를 그렇게 중요하게 여기지 않기 때문이며, 이 점을 직시해야 한다. 그리고 식중독은 한 해에 4800만 회 발생하는 정말 큰일이다. 알다시피 안 좋은 것을 먹으면 결국 주말이나 길면 한 주 동안 어느 정도 누워 있게 되고, 또 알다시피 많은 시간을 화장실에서 보내고 또한 어느 정도 녹초가 되어 지내지만, 결국은 이를 극복한다. 그리고 그 증상이 심하지 않기에 공중보건의 우선순위에서 그다지 중요하게 여기지 않았다. 이는 감기와도 어느 정도 비슷하다. 불행하게도 우리는 이 문제를 세상에서 살아가는 일종의 비용으로 받아들인다. 이 병이 정말로 전혀 가볍지 않다고 드러나지 않는 이상은 말이다. 식품매개 질병이 어떤 경우에는 인생 전체에 걸친 문제를 낳으며 그 문제가 계속 진행되면 정말로 불구가 될 수 있다는 점에 대해 몇몇 연구자들이 정말 그럴듯한 증거들을 가지고 이해하기 시작하고 있다.

스티브 고혈압, 신장 질환, 뇌졸중, 폐 질환의 발병률이 높아졌다.

맥케나 관절염, 과민성 대장 증후군도 그렇다. 정말로 그런 사람들이 있다. 불구라는 말을 쓴 것이 비유법이 아니다. 정말 불구를 말한 것이다. 이들은 남은 인생 동안 관절 질환 환자가 되고, 소화 장애를 겪고, 어떤 경우에는 과거에 앓은 전염병이 원인이라고 역추적할 수 있는 당뇨병을 얻는다. 정말로 큰 문제인데, 이제야 그에 대한 이해가 생겨나는 것을 보면 여기까지 오는 데 이토록 오래 걸렸다는 점이 놀랍다.

스티브 그러면 왜 그렇게 오래 걸렸는가?

맥케나 자, 식품매개 질병이 어떻게 발생하는지를 생각해보자. 미국에서 매년 4800만 명이 식품매개 질병에 걸리고, 12만 8,000명이 입원하고, 3,000명이 죽는다는 사실이 알려져 있지만, 현실에서 집단 식중독으로 인한 환자는 거의 없다. 식품매개 질병의 발생은 식품매개 질병이라는 큰 그림의 반도 안 된다. 식품매개 질병의 대부분은 산발적이며, 이는 다른 환자들과 전혀 관련이 없다는 뜻이고, 특별한 원인과도 전혀 관계가 없다는 뜻이다. 식중독은 그저 발생해서 주말 동안 누워 있기만 하면 끝나고, 무엇이 원인이었는지는 전혀 깨닫지 못한다. 이는 환자가 병원에 가지 않고 따라서 공중보건 시스템의 주목을 전혀 받지 않는다는 뜻이다. 여러분이 병에 걸렸음을 아무도 기록하지 않고 아무도 그 산발적인 사례를 다른 사례와 연결해보려고 하지 않는데, 그건 다른 사례가 있는지를 모르기 때문이다. 그리고 연구를 시작할 데이터가 존재하지 않는다는 것은 데이터를 통해 장차 10년 동안 어떤 일이 일어날 수 있을지에 대해 더 큰 이해를 할 수 없다는 뜻이다.

스티브 그러면 이 데이터를 갑자기 이용할 수 있게 된 지난 10년간 무엇이 달라졌는지?

맥케나 몇 가지 일들이 일어났다. 우선 사람들이 나서서 "정말 여기에 지쳤다. 이 문제는 당국이 이해하는 것보다 훨씬 더 심각하다"고 말하는 진정한 환자 운동이 되었다. 많은 사람들이 들은 적이 있는 1990년대 초의 유명한 잭인더박스(Jack in the Box) 집단 식중독 사건을 들 수 있다. 이 사건은 미국 서해안 대부분의 지역에서 일어났다. 그 원인은 설익은 햄버거 때문이었고, 미국에 식품매개 미생물인 대장균 O157 : H7이 정말 처음으로 소개된 사건이었다. 이 균의 가장 심각한 증상은 죽어가는 적혈구로 신장이 가득 차서 신장 기능이 정지되는 용혈성 요독성 증후군인데 이로 인해 사람, 특히 대부분 어린이가 죽었다. 때문에 미국에서 식품매개 질병이 치명적일 수 있다는 주의를 끌었다. 뿐만 아니라 기본적으로 "무슨 말인가요? 음식이 내 아이를 죽일 수 있다고요? 받아들일 수 없어요" 하고 생각한 아동의 부모들이 주로 주도한 환자 운동에 영향을 주기도 했다. 그것이 처음 일어난 일이었다. 지금부터 거의 20년 전에 발생한 집단 식중독으로 인해 몇 개의 시민 기구 및 권한을 부여받은 환자 기구들이 성장했으며, 이들이 공중보건에 대한 관심과 그 정책을 정말로 바꾸기 시작했다.

또 다른 점은 연구자들이 매우 심각했음이 확인된 집단 식중독 사건에서 병을 앓은 환자들을 파악하고 그 이후 그들을 추적할 수 있음을 깨닫기 시작했다는 것이다. 학자들은 이를 전향적 연구라고 부르며, 이는 증상과 과거에 일어난 일 사이 관계를 규명하기 위해 가장 효과적인 연구 방법이다. 병을 앓은 사람들로 시작해서 이후 그들의 증상을 추적하는 것이 증상에서 시작해서 10년 전 무슨 일이 있었는지를 파악하는 것보다 훨씬 신뢰할 만한 결과를 얻을 수 있다.

스티브 당신은 그 연구들의 일부를 단편적으로 이야기하고 있다. 정말로 가장 크고 가장 진보적인 캐나다의 연구를 조금 말해 달라.

맥케나 그건 정말로 대단히 흥미로운 연구이고, 내가 사건의 원래 이야기를 다루었기에 특히 흥미롭다. 작은 마을이 있었는데, 아니 지금도 여전히 있는 곳인데, 서부 온타리오에 워커턴이라는 마을이다. 그곳은 기본적으로 젖소의 고장이며 꽤 예쁜데, 아름다운 구릉 지역 안에 있다. 그곳은 알다시피 농촌이다. 상상해보라. 온타리오 워커턴은 그렇게 생겼다. 이 아름다운 언덕들에 올라 보면 예쁘고 작은 하얗고 노란 농장과 건물들이 있다. 하지만 2000년, 그해 봄 그 지역에 매우 큰 폭우가 내렸고 그로 인해 옛날의 폭우들이 그랬듯이 빗물이 소 퇴비를 지역의 수자원으로 쓸어가서 대수층이 넘쳐나고, 거기에서 물을 끌어 와서 정제하는 마을의 상수 처리 시설을 계속 이용할 수 없을 정도가 되었다. 그 결과 그 예쁜 소와 그 예쁜 농장에서 나온 대장균이 도시의 용수 시스템에 침입했고, 마을 전체가 앓게 되었다. 2000년 5월의 온타리오 주 워커턴으로 차를 몰고 갔었는데, 언덕에 올라 보니 매우 느낌이 이상했다. 왜냐하면 봄의 내음이 나는 예쁘고 작은 전원 농촌 마을에서 새 풀과 우분 비료 내음을 맡으리라고 기대했는데, 현실에서는 마을의 모든 것과 모든 사람을 표백제로 씻어낸 바람에 표백제 냄새가 났기 때문이다. 그것이 마을 사람들이 기본적으로 모든 곳에 있는 대장균 O157을 죽이기 위해 생각할 수 있는 유일한 방법이었다.

캐나다 정부는 정말로 훌륭한 공중보건 구조를 갖췄고, 정부는 그 마을에 아픈 사람들이 아주 많았기 때문에 사건 초기에 무슨 일이 일어나는지를 추적할 필요가 있음을 깨달았다. 사건의 꽤 초기에는 지역 병원이 완전히 넘쳐났으니 정부가 실제로 알았던 것보다 더 많은 사람들이 아팠다. 그래서 집단 식중독이 발생했을 때 환자였던 많은 사람이 진짜 환자 수로 파악되지 않았다. 그래서 캐나다 정부, 특히 온타리오 지자체 정부는 이 식중독 사건의 처음부터 이 사람들에게 무슨 일이 일어났고 그 후로 무슨 일이 일어나고 있는지 파악하기 위한 공중보건 프로젝트를 만들었으며, 지역의 대학 의료 기관에게 환자들을 추적할 권한을 부여했다. 그리고 그때부터 증세가 일부는 심각했지만 일부는 가벼웠던 이 소화기 증상을 겪은 모든 사람에게 무슨 일이 일어났는지를 연구해오고 있는데, 알고 보니 식중독을 겪은 사람 중 엄청나게 많은 이들이 장기적인 증세를 겪어왔고 그 증세는 소화기 관련 증상만이 아니었다. 고혈압, 심장마비, 뇌졸중, 심부전, 신장 질환과 같은 증세들이 있었는데, 이들 모두 2000년의 대장균 창궐 사건으로 거슬러 올라갈 수 있다.

스티브 왜 식중독 때문에 이러한 다른 후유증이 폭증했는지 찾아냈나?

맥케나 그 부분이 이제 사람들이 답을 알아내려 하는 점이다. 알다시피 지난 10여 년에 걸쳐 환자들이 꽤 좋은 증거를 제공했고, 온타리오 정부에서 권한을 부여받은 연구자들은 대장균 감염과 이후 사람들에게 일어난 일들 간의 관계를 규명할 수 있는 꽤 좋은 증거를 제공받았다. 그다음 문제는 자, 그럼 왜 그런 일이 일어났을까. 현재 연구자들이 생각하는 바를 말하자면, 우리는 이미 대장균 O157 감염의 가장 심각한 합병증이 당시 매우 심각한 문제였던 용혈성 요독성 증후군이라는 것을 안다. 이 증세는 신장에 무리를 줘서 신부전을 초래한다. 대장균 O157이 생산한 독소가 혈구 세포를 방해하고 순환기관을 방해해서 신장에 무리를 준 것으로 보인다. 따라서 순환기관에 피해를 입히는 이 증세가 일시적이지 않고 실제 장기적인 영향을 초래하는 것으로 보이며, 그러므로 용혈성 요독성 증후군에 걸릴 만큼 아프지 않았던 사람도 여전히 순환기관에 다소의 상해를 입어 후에 고혈압이 생기고, 심장마비 위험이 증가하고, 뇌졸중 위험이 커졌다.

스티브 그리고 우리가 반응성 관절염이라고 부르는 상황도 있는데, 이는 마치 자가면역 요소인 것처럼 들린다.

맥케나 맞다. 현재 이 증상을 유발하는 가장 강력한 연관성은 각각의 미생물에 있다. 내가 말하는 모든 순환기 문제들은 대장균, 특히 대장균 O157 및 독소를 생산하는 기타 대장균 감염과 관련이 있었다. 그다음 반응성 관절염의 경우는 흥미로운데, 왜냐하면 대부분 점점 흔해지는 식품매개 질병이 살모넬라 감염과 관련이 있는 것으로 보이기 때문이다. 내가 칼럼에서 다룬 소녀는 지금 10대이며, 미국에서 10년 전에 멕시코로부터 수입했고 살모넬라에 오염된 멜론 때문에 식중독을 앓은 것으로 알려진 50명 중의 한 명이었다. 이 멜론은 표면이 오염되었는데, 어느 시점에 썰면서 살모넬라가 멜론 과육에 침투해서 그것을 먹은 사람들이 병에 걸렸을 것이다. 내가 다룬 소녀인 다나 지아들은 자라면서 관절통을 호소하기 시작했고 그녀의 어머니인 콜레트는 "이건 성장통이야, 알겠지만 다 지나갈 거야" 하고 생각했다. 정기적으로 의사를 찾아갔지만 의사들도 같은 이야기를 했다. 그들은 "자라면 나을 겁니다" 하고 말했지만 그렇지 않았다. 그 이유는 성장통이 아니라 관절염이었기 때문이다. 콜레트가 과거로 돌아가서 다나의 의료 기록을 체크했는데, 그녀가 세 살 때 살모넬라가 창궐한 당시 병원에 불과 며칠 있을 동안 이미 관절 통증을 호소했음을 발견했다. 그래서 콜레트 및 내가 말한 적 있는 권한을 가진 몇몇 환자 기구들, 특히 최우선인 안전한 식탁(Safe Tables Our Priority)이라는 의미의 'STOP 식품매개 질병' 기구가 최근에 발생한 집단 식중독을 앓았던 사람들을 조사해 보았더니 반응성 관절염의 비율이 정말 주목할 정도로 높음을 발견했다. 따라서 이 환자 관찰로부터, 어떤 이유들로 인하여 사람들이 살모넬라 내장 감염 때문에 신체 기능에 혼란을 일으키고 일종의 자가면역 증상인 관절염을 앓게 되는지 답을 찾지 못한 점을 이해하는 데서 연구를 시작하고 있다. 보다시피 살모넬라는 소화기 감염이고 지금 다루는 증상은 관절 장애이므로, 사람들이 이 문제를 그저 직관적으로 연결했을 법하진 않다. 하지만 오늘날 관찰 결과는 정말로 어떤 관계가 있음을 잘 보여준다.

스티브 그러면 이제 두 가지 분명한 질문이 있다. 개인으로서 무엇을 할 것인가? 무슨 뜻인가 하면, 누구도 식중독에 걸리고 싶어 하지 않을 텐데 그 이유는 그 증세 자체가 정말로 불쾌하기 때문만이 아니라 이후에도 그로 인한 어떤 문제가 생길 가능성이 있다면 이를 감수하기를 원치 않을 것이 분명하기 때문이다. 그러므로 이러한 종류의 질병이 창궐하는 것을 억제하기 위해 개인으로서 어떤 노력을 할 수 있는지, 그리고 그다음에 국가로서 무엇을 할 수 있는지?

맥케나 정말 중요한 질문이다. 우선 첫 번째로, 본인이 생각하기로는 식중독 후유증 문제로 인해 식품매개 질병이 훨씬 더 심각한 문제가 된다. 즉 그 때문에 국가 차원에서 공중보건 문제로서 식중독에 더 높은 우선순위를 부여해야 하며, 우리 모두도 그에 더 높은 우선순위를 부여해야 한다는 뜻이다. 대부분의 사람이 식품매개 질병으로부터 스스로를 보호하려 노력하기 위해 하는 일들이 무엇인지는 잘 안다고 생각한다. 알다시피 대부분의

*땅에 떨어진 음식을 5초 안에 주우면 세균이 옮겨 붙지 않아서 위생상 안전하다는 이론이다. 그 과학적 진위 여부에 대해서는 관점에 따라 주장들이 엇갈린다.

사람은 5초의 법칙을* 생각하지만, 물론 이는 심각하게 받아들일 얘기가 아니다. 내가 하려는 말은 대부분의 사람들은 땅에 떨어진 것을 먹지 않는다는 것이다. 대부분의 사람들은 농산물을 씻어 먹는다. 또한 대부분의 사람들은 생고기와 채소를 분리해서 보관한다. 그리고 대부분의 사람들은 주방을 꽤 잘 청소한다. 하지만 문제는 식품매개 질병에 걸린다면 단지 한 주 동안 누워 있는 것만으로 끝나지 않고 여러분, 가족, 그리고 자녀들에게 앞으로 몇 년 동안 정말 심각한 결과를 가져올 수도 있는 일이므로, 이 모든 일들을 더 진지하게 실천하라는 일종의 신호로 여겨야 한다는 점이다. 무언가를 행할 때 나중에 발생할 결과를 항상 명심하기는 힘들다. 사람들이 꾸준히 다이어트를 하거나, 안전벨트를 매거나, 자외선 차단제를 바르는 일을 소홀히 여기는 것과 같다. 하지만 이는 그 일이 단기적이 아닌 장기적인 영향을 미치는 일이라는 또 다른 신호이다.

두 번째 문제로서 이것이 우리에게, 국가로서 어떤 의미겠는가? 뭐랄까 그 질문에는 단기적 질문과 장기적 질문 두 가지가 모두 담겨 있다. 단기적 질문은 식품매개 질병이 발생했음을 알았을 때 환자들의 질병 이후를 추적하기 위해서 무언가를 더 해야 하는가이다. 그건 많은 경우 매우 힘들며 그 사실이 이제까지 그 관계가 드러나지 않은 이유 중 하나인데, 즉 집단 식중독이 발생했을 때 온타리오 주 워커턴에서 그랬듯 모두가 같은 장소에 있기란 실제로는 매우 어려운 일이기 때문이다. 우리의 식량 생산 시스템은 매우 복잡하다. 다나 지아들이 발병했던 집단 식중독 사건에서 50명이 멜론을 먹고 식중독에 걸렸듯이 전국적인 식중독이 발생했다고 치자. 한 지역에 두 명, 다른 지역에 세 명, 또 다른 사람은 나라의 반대편에 있을 수도 있으며, 그들 모두는 각각 다른 주의 위생국에 등록되었을 테고 위생국은 아플 때만 그들을 돌볼 것이다. 위생국은 그 사람들을 몇 년 후까지 계속 추적할 방법이 없다. 그렇다면 내 생각에 이제 우리는 그 사람들에게 무슨 일이 일어나는지를 알아보기 위해 그들 모두를 몇 년 동안 추적하는 방안을 생각하기 시작해야 한다. 이는 개별 주의 위생국 책임이 아니며 그 이유는 사람들이 이동하기 때문이다. 연방정부가 그 생각을 시작해야 할지도 모른다. 정부가 집단 식중독 발생을 위한 등록소를 만들 것인가?
더 큰 질문이 남았다. 우리가 이 문제를 다루기 시작하지 않는다면 장차 그 대가는 무엇일까. 식품매개 질병이 공중보건의 주요한 우선순위가 되지 못하는 또 다른 이유가 있다. 무슨 말인가 하면 우리는 식중독을 추적해서 연간 4800만 명이 걸린다는 것을 알지만, 그 예방 노력은 암이나 인간면역결핍바이러스(Human Iimmunodeficiency Virus) 등에 비해 그 우선순위가 아무래도 낮을 것이라는 뜻이다. 식품매개 질병의 개별 사례의 대가가 누군가 며칠 동안 아프거나 2~3일 동안 출근을 못 하는 정도가 아니라, 누군가가 일생 동안 관절염, 고혈압, 심장마비, 뇌졸중 치료를 받기 위해 수만 달러의 비용을 들일 수 있는 일임을 우리가 이해하기 시작했다면, 이는 공중보건 시스템에서 우선순위를 높여야 한다는 뜻이다. 왜냐하면 그렇게 하지 않는다면 사회적 비용이 우리 예상보다 정말로 훨씬 더 커질 것이기 때문이다.

4-3 환경에는 유해한 농산물 업계의 안전성 추진

에린 브로드윈

'깨끗한 농산물(Clean greens)'이란 건강한 농산물을 말한다. 혹은 캘리포니아에서 대장균 박테리아 때문에 치명적인 시금치 집단 식중독이 발생했을 때 그에 대응하기 위해 만들어진 농부, 재배자, 가공자 연합의 명칭이기도 하다. 그들은 잎채소를 재배하고 취급하기 위해 박테리아를 최소화할 수 있도록 새로운 기준을 만들었다.

이 기준은 농지에서 작물을 없애고 야생종 및 천연수와 일정한 거리를 두라고 명령함으로써 잠재적인 오염원을 제거하는 계획이지만, 다소의 예기치 못한 부작용이 있다. 즉 서식지가 파괴되고, 토양이 황폐화되고, 강과 개울이 오염되는 것이다.

연구자들은 제3자 감사를 통해 집행된 2006년의 단체 기준 규정이 식품매개 질병의 위험을 줄이는 데 비효율적이었을 뿐만 아니라 살리나스 강 계곡의 생물다양성에 피해를 입히는 원인이 되었음을 발견했다. 캘리포니아의 한 지역인 이곳은 다양한 동식물의 서식지로서 가치가 있고, 미국 잎채소의 70퍼센트를 생산하는 잎채소 생산 중심지이다.

《생태 및 환경 최신 연구(Frontiers in Ecology and the Environment)》에 발표된 한 연구에서는 2005년에서 2009년 사이에 농부와 재배자들이 환경에 끼친 변화를 측정했다. 연구자들은 국립농업영상프로그램에서 얻은 위성 영상을 이용해서 1만 5,000헥타르(150제곱킬로미터)의 연구 지역을 식물 종류에 따른 생태 지역들로 분류했다. 그들은 풀, 관목, 나무들이 빠르게 자라면서 지속적인 생장 교란에 생존을 의지하는 식생 변환 지역에서 서식지 상실이 가장 컸음을 발견했다.

연구자들은 재배자들이 자원 순환 및 식물 재생이라는 자연적 시스템의 중요성을 고려하는 방식의 농업에서 얻던 보상을 새로운 농업 방식에서는 오히려 더 빼앗겼음을 발견했다. 대신 많은 이들이 토종 식생을 제거하고, 울타리를 치고, 야생종이 자라지 못하도록 독을 뿌렸다. 그 결과 재배자들은 농지의 모든 잠재적인 변종들을 통제하려 시도하였고, 농경지에서 야생종 식물이 살 수 없게 되었을 뿐만 아니라 기후변화에도 더 취약해졌다.

연구의 저자들은 이러한 농업 방식이 소비자들의 식품매개 질병 우려에 과도하게 대응한 결과라고 말한다. 국제자연보호협회의 연구자이자 이 연구의 주저자인 생태학자 사샤 제닛(Sasha Gennet)은 "소비자와 구매자들의 이러한 압력은 깨끗한 식품을 위해 필요한 수준을 넘어선다"고 말한다.

식품매개 질병에 관한 규정의 영향은 아직 입증되지 않았다. 2006년의 대장균 창궐은 캘리포니아에서 자란 시금치와 관계가 있었고, 최소한 15회의 다른 대장균 창궐이 더 보고되었다. 그중 절반 이상은 캘리포니아에서 보고된 사례가 포함된다.

아이오와 주립대학교의 지리생태학자 리사 슐트 무어(Lisa Schulte Moore)는 이 연구에 농업의 미래를 위한 중요한 함의가 담겼다고 말한다. 살리나스 계곡은 미국 잎채소의 대부분이 나는 중심지로서 성공적인 농업 방식의 표본 중 하나로 여겨지는 지역이다. 무어에 따르면 만약 이곳에서 이 방식을 계속 사용한다면 다른 주에서도 환경을 해치는 농업 규정을 도입할 수 있을 것이라고 한다. "미국에서 가장 큰 농업 주 가운데 한 곳인 캘리포니아 주민인 본인이 우려하는 바는, 이곳의 방식이 다른 농부들에게 어떤 의미가 될 것인가이다."

하지만 재배자들은 자신들의 방식이 소비자를 보호하기 위해 필요하다고 말한다. 한 예로 2006년의 대장균 창궐에서는 205명이 발병했고 산후안바우티스타에 있는 회사인 어스바운드 팜(Earthbound Farms)이 7000만 달러 이상의 피해를 입었다. 하지만 이 회사 전체 생산 라인의 점검을 맡은 농장 및 식품 안전부장 윌 대니얼스(Will Daniels)는 발병의 원인을 조사하고 보니 어떤 단서도 없었다고 말한다. 대니얼스는 새로운 철저한 안전 예방 시스템 덕분에 소비자가 구입하는 농산물이 먹기에 안전하다는 보장을 받을 수 있다고 말한다. 이러한 안전 예방 시스템에는 작물 처리 경로의 모든 과정에서의 병원균 시험, 농경지를 개울이나 동물 서식지와 같은 잠재적인 미생물 오염원에서 멀리 떨어뜨리는 조치가 포함된다.

무어는 캘리포니아의 농부와 재배자들이 박테리아 창궐의 원인을 모르는 상황에서 작물들이 사실상 주변 환경에서 확실하게 격리된 채 자라도록 하기 위해 기울인 노력이 지나쳤다고 말한다. "주된 문제는 식품 안전을 개선하기 위해 우리가 기울이는 모든 노력이 위대하다고 지역사회가 이해한다는 점이다. 하지만 좋은 일을 더 낫게 하려는 과도한 노력은 환경에 정말 많은 피해를 준다."

5

현대식 식사의 발달

5-1 현대의 육류 보존법 및 요리법은 건강에 좋은가?

페리스 자브르

존 듀란트(John Durant)는 육류를 정말로 좋아하지만 냉장고에 많이 보관하지는 않는다. 공간이 별로 없기 때문이다. 대신 그는 맨해튼의 공동 아파트에서 큰 흰색 냉동 박스에 육류를 보관한다. 29세인 듀란트는 박스를 열고 고기 포장지에 싸인 냉동 사슴고기 덩어리를 꺼낸다. 그는 얼음을 헤치고 풀 사료 소고기 몇 점을 찾는다. 그리고 양고기 신장, 돼지 옆구리 비곗살, 무릎살을 보여준다. 구석기 다이어트라는 방법의 지지자인 듀란트는 인류 진화 단계의 선조들이 먹었던 방법으로 먹으려고 노력한다. 즉 조리된 소고기, 돼지고기, 양고기, 기타 포유동물의 살코기 등과 같은 육류, 그중에서도 주로 붉은 살코기를 평소에 많은 비중으로 거의 매일 먹는다.

듀란트는 현재 구석기 생활 방식에 관한 책을 완성하고 있는데, 그는 최소한 한 가지는 옳다. 육류가 없었다면 아마 인류는 현재와 같은 존재가 아닐 것이라는 점이다. 진화생물학자들은 사냥을 하고 조리된 고기를 먹으면서 인간의 몸이 크게 바뀌었고 이것이 아마도 더 큰 뇌를 갖도록 발전하는 데 도움이 되었음을 밝혀냈다. 육류는 현재 일본을 제외한 모든 부유한 국가들에서 가장 큰 단백질원이다. 세계의 연간 육류 소비는 2030년까지 3억 7,600만 톤에 이를 수도 있다.

하지만 공업 국가의 사람들 대부분은 수백만 년 전의 선사시대 인류에 비해 몸을 훨씬 덜 움직이면서 산다. 우리 선조는 식량을 모으기 위해 항상 힘들게 뛰었으며, 사냥을 성공하기 직전까지는 기아에 직면했을 가능성이 높다. 반면 현재는 대부분 사람이 칼로리가 풍부한 육류를 원할 때는 언제든 쉽게 얻을 수 있다. 우리가 실제로 육류를 더 많이 먹는 것이 건강에 과연 좋을까?

20년 전이라면 대부분의 영양학자들이 "그렇다"고 답했을 것이며, 특히 햄버거나 갈비와 같이 지방을 도려낸 고기라면 이견이 없었을 것이다. 인간의 몸에서는 그러한 육류의 포화지방이 혈액의 콜레스테롤로 쉽게 바뀌어서 결국 죽상동맥경화증을* 초래할 수 있기 때문이다. 이 증세는 심장 질환과 뇌졸중의 가장 큰 원인 중 하나이다. 하지만 최근 몇 년간 일부 연구자들은 붉은 살코기와 심혈관 질환 간의 관계가 오랫동안 추정해왔던 것처럼 밀접한지에 의문을 제기했다.

*혈관 안쪽에 콜레스테롤이 쌓이고 혈관 내피 세포가 증식하여 혈관이 좁아지고 막히는 질환.

일부 연구들에서는 육류를 가공하는 방법, 즉 화학적 보존법이나 몇몇 조리법이 포화지방 함량보다 더 우려스러울 수도 있음을 시사한다. 또한 연구자들은 이제는 건강한 식습관이란 어떠한 구성을 뜻하는지 파악하려면 전체 식사를 검토하는 것이 중요하다고 강조한다. 예를 들면 붉은 살코기를 줄이고 그 대신 피자, 흰빵, 아이스크림과 같은 위안 식품(comfort foods)으로** 칼로리 손실을 보상하려 들면 아마도 아무런 도움이 되지 않을 것이다. 많은 영양학자들은 이처럼 보다 미묘한 지점에 주

** 향수와 만족감을 주는 음식이라는 의미지만 여기서는 고칼로리 및 고탄수화물 특성을 나타내는 의미로 쓰였다.

목해 그들의 조언을 조정했다. 하버드 대학교의 역학자 다리우시 모자파리안(Dariush Mozaffarian)은 "모든 붉은 살코기를 피하라고 말하는 무분별한 접근은 가장 큰 효과가 있지는 않을 것"이라고 말한다. "모든 고기가 다 같지는 않다. 우리는 선택권이 있다." 하지만 어떻게 이 선택을 내릴 것인지가 현재 진행 중인 논쟁의 주제이다.

인간이 육류를 먹기 시작했을 때

붉은 살코기를 먹으면 우리 건강이 어떻게 변하는지에 관해서 때로 모순되는 최근 결과들을 조사해보기 전에, 앞서 진화한 선조들의 식습관을 검토해볼 가치가 있다. 기록이 결코 완전하지는 않지만, 그리고 선조들의 식사는 지리에 따라 다양했지만 고생물학자들은 몇 가지 이정표를 달성하는 데 충분한 증거를 수집했다. 우리 선조가 오래전 침팬지와의 마지막 공통 조상에서 처음 분리될 시점으로 되돌아가본다면 그들은 아마 과일, 잎, 그리고 약간의 흰개미를 먹었을 것이다. 육류는 매우 드문 특식이었다. 하지만 그들은 300만 년 전에 석기로 동물 뼈에서 고기를 분리하는 법을 배웠음이 분명하다. 우선 이 초기 인류는 주로 쓰러진 가젤에서 약간의 고기를 훔치거나 더 작은 육식동물을 쫓아다니면서 다른 포식자가 죽인 고기를 먹었을 것이다. 최소한 40만 년 전에 불로 요리하는 법을 배웠고, 최소 20만 년 전에는 돌창을 발명해서 배부르게 먹을 기회가 크게 늘어났다.

육류 및 조리된 음식을 정기적으로 먹으면서 우리의 몸이 변했다. 치아는 더 작고 뭉툭해졌고, 큰창자는 줄어들었으며, 작은창자는 커졌고, 이 모든 변화를 통해 부드러운 조리 음식을 씹고 소화하는 능력이 좋아졌다. 칼로리가 높은 육류 덕분에 우리 뇌 크기도 세 배로 늘어날 수 있었을 것이다. 이러한 사항들 및 그 밖의 적응들 덕분에 우리 선조는 우리와는 매우 다른 시대에 살아남을 수 있었다. 지금 시점에서 적절한 질문은 선사시대의 식사가 현재의 상황과 어떤 관련이 있고 현대에 육류를 준비하고 소비하는 방식이 건강을 어떻게 바꾸는가의 여부이다.

보존에 관한 불안

이 질문들에 답을 하려면, 일단 영양 연구가 수행하기 어렵기로 악명이 높다는 점에 유의할 필요가 있다. 무엇보다도 과학자들이 어떤 사람들에게는 붉은 살코기만 먹으라고 하고 다른 사람들에게는 상추를 씹어 먹으라고 강요하니 건강에 미치는 장기적인 영향을 완전히 실증하기는 윤리적으로 불가능하다. 하지만 연구자들은 차선책을 취했다. 즉 큰 집단의 사람들의 식사를 조사하였다.

하버드 대학교의 두 연구팀이 각기 수행한 두 연구는 모든 종류의 육류가 똑같이 건강에 나쁘지는 않다는 인식이 커지고 있는 전형적인 예이다. 2012년 봄에 프랭크 후(Frank Hu)와 그의 동료들은 붉은 살코기를 먹는 것이 심혈관 질환, 암, 그리고 모든 이유의 사망 위험 증가와 실제로 관련이 있다는 결론을 내렸다. 특히 가공되지 않은 붉은 살코기를 매일 카드 한 벌 정도 분량을 추가로 먹으면 사망률이 13퍼센트 높아졌고, 가공된 고기는 사망 위험이 20퍼센트 뛰었다. 이 위험은 남성은 22년, 여성은 28년 기간에 걸쳐 계산되었다.

이 수치를 일상용어로 바꾸려면 다소 복잡한 계산이 필요하다. 케임브리지대학교의 통계학자 데이비드 스피겔홀터(David Spiegelhalter)는 후의 연구 결과를 이용해서 성인이 붉은 살코기를 매일 추가로 먹으면 기대 수명이 1년 단축된다고 계산한다. FindtheData.org 사이트에서 그와 관련된 사회보장 데이터를 분석한 바에 따르면 이는 건강한 40세의 남성은 36.2년을 더 살 수 있으리라 기대된다는 뜻이다. 그는 76회 생일을 지나는 대신 75.2년을 살게 된다. 무시할 일은 아니다. 하지만 가장 치명적인 습관도 분명히 아니다. 예를 들면, 미 질병관리본부에 따르면 흡연하는 남녀는 각각 평균 13.2년과 14.5년씩 수명이 줄어든다.

후의 연구는 한계가 없지 않았다. 그의 연구는 자가 보고 조사에 의존했는데, 이러한 방식은 결과가 몇 가지 이유로 왜곡될 수 있다. 또한 문제가 되는 부분으로서, 이 연구에서 붉은 살코기를 가장 많이 먹은 참가자들은 흡연과 음주도 극단적으로 더 많이 했고 운동은 덜 했기 때문에 육류 소비가 아마도 실제보다 더 건강에 안 좋아 보이게 된 것으로 드러났다.

모자파리안이 이끈 하버드의 다른 연구팀이 후의 결론에 대한 대안을 제시했는데, 그는 육류 섭취에 관한 20가지 연구의 결과를 집계하고 재검토했다. 이 20개 연구에는 120만 명의 사람들에게 얻은 데이터가 포함된 반면, 후의 연구는 불과 12만 명을 조금 넘는 사람들에게서 얻은 데이터를 검토했다. 메타 분석을* 통해서, 일반적으로 붉은 살코기는 죽음이나 질병의 더 큰 위험과 관련이 없다는 결론을 얻었다. 그리고 그 대신 베이컨, 핫도그와 같이 붉은 살코기 가공육의 위험이 지목되었다. 모자파리안과 그 동료들은 붉은 살코기 가공육을 매일 50그램씩 섭취하면 심장 질환 위험이 42퍼센트 더 높고 당뇨병 위험은 19퍼센트 더 높다는 관련성을 찾아냈다.

*유사한 종류의 연구 결과들을 객관적, 계량적으로 종합 분석하는 방법.

후의 연구에서와 같이, 핫도그와 베이컨을 많이 먹는 사람은 대체로 덜 건강할지도 모른다. 하지만 그럼에도 불구하고 대규모의 고찰을 통한 이러한 강력한 인과관계는 아주 흥미롭다. 왜 붉은 살코기 가공육이 비가공육에 비해 훨씬 더 나쁠까? 둘 다 포화지방산과 불포화지방산 수준은 꽤 비슷하다. 하지만 가공육은 매 50그램의 분량마다 붉은 살코기에 비해 더 많은 칼로리와 더 적은 콜레스테롤, 단백질, 철분을 함유한다.

가장 큰 차이는 소금 및 기타 보존료의 수준이다. 가공육은 보통 붉은 살코기에 비해 나트륨이 네 배 많고 보존료는 50퍼센트 많다. 특히 질산염과 아질산염이라는 화합물이 많은데, 이 물질은 세균을 죽이는 데 도움이 되고 고기에 예쁜 핑크색이나 붉은색이 돌게 한다. 일부 가공육은 니트로사민도 함유하는데, 이 물질은 고기를 고온에서 조리하거나 고기가 인체의 위에서 위산에 노출되면 아질산염을 형성한다. 소금은 민감한 개인의 경우 더 높은 혈압과 인과관계가 있었다. 질산염은 동맥경화를 유발하고 당뇨병처럼 보이는 대사

변화를 촉발한다. 그리고 니트로사민은 설치류, 원숭이, 사람에서 암과 관련이 있었다. 단 모자파리안의 연구에서는 조리 방법은 다루지 않았다. 연구들에 대한 조사를 보면 잘 굽거나 튀기거나 바비큐 요리를 한 육류를 많이 먹는 사람은 대장암이나 췌장암이 발병할 가능성이 약간 더 높다는 점을 시사한다.

결국 음식 선택과 개인적 습관의 차이를 무시하면서 육류 소비만을 기초로 누군가의 건강을 평가하는 것은 타당하지 않다. 인간은 더 이상 우리 선조와 같은 방식으로 육류에 의존하지는 않지만, 붉은 살코기는 여전히 세계에서 중요한 단백질, 철분, 비타민B의 원천이다. 가용한 최고의 증거들은 우리가 너무 많은 붉은 살코기 가공육과 과도하게 조리된 육류를 소비하고 있지만, 붉은 살코기 섭취량을 반드시 자제할 필요는 없다는 확실한 근거가 된다. 이는 우리들 중 때로 스테이크를 즐기는 사람들에게, 그리고 존 듀란트와 그의 고기 보관 박스에게 좋은 소식일 것이다.

5-2 조리를 통한 뇌 크기의 진화 : 리처드 랭엄과의 일문일답

레이철 묄러 고먼

수백만 년쯤 전에 우리 인류의 조상은 야만적인 모습에서 이마가 큰 모습으로 변하기 시작했다. 하버드 대학교 피바디 고고학민속학 박물관의 생물인류학 교수 리처드 랭엄(Richard W. Wrangham)은 크고 칼로리를 많이 소비하는 우리 뇌가 만들어진 계기가 '요리'라고 주장한다. 그는 우리와 가장 가까운 친척인 침팬지를 수십 년간 연구한 끝에 그러한 이론을 생각해냈다. 《사이언티픽 아메리칸》 2008년 1월호에 게재된 인사이트 스토리 "더 큰 뇌 만들기(Cooking Up Bigger Brains)"에서, 레이철 묄러 고먼은 랭엄과 침팬지, 식품, 불, 인류의 진화 및 그의 논란 많은 이론에 관해 대화를 나눴다. 여기에 그와의 인터뷰를 싣는다.

○ 1987년부터 서부 우간다에서 수행한 키발레 침팬지 프로젝트(Kibale Chimpanzee Project)의* 팀장을 맡았다. 침팬지가 항상 개인적인 큰 관심의 대상이었나?

- 나는 자연에 항상 관심이 많았다. 처음에는 조류를 그저 관찰하다가 야생의 세계로 나가고 싶어졌다. 갭이어(gap year)를** 잠비아에서 보냈는데, 그곳에서 행동생태학에 관심이 생겼다.

* 리처드 랭엄이 이끈 장기간의 야생 침팬지 습성 연구 프로젝트.

** 고등학교 졸업 후 대학에 가기 전 1년간 학업을 쉬면서 다양한 경험을 쌓는 기간.

거기에서 게임 부서에서 일하는 한 생물학자의 조수로 일했다. 멋진 곳이었고, 수 킬로미터에 걸친 덤불과 모든 종류의 동물들이 있었다.

ㅇ 그곳에서 침팬지를 연구했나?

- 아니다. 당시에는 영장류에 초점을 맞추지 않았다. 하지만 그 후 옥스퍼드 대학 단과대에 갔고, 아프리카에 다시 가서 일할 기회가 있을까 생각해서 등교 첫날 탐험 동아리에 들었다. 대학을 졸업할 때는 이미 아프리카에서 꽤 많은 경험을 쌓았다. 그리고 인간의 사회 시스템 발전을 연구하는 한 방법으로서 동물을 연구하는 데 정말로 관심을 갖게 되었다. 인간과 동물 사이에 유사점이 있다면 그 뿌리를 찾아보자는 생각이었다. 1970년 7월에 제인 구달(Jane Goodall)에게* 함께 일하고 싶다는 서신을 보냈고, 그해 11월에는 그녀가 있는 곰비(Gombe)에 가 있었다.

*영국 출신의 동물학자이자 환경운동가. 세계적인 침팬지 연구가이다.

ㅇ 아프리카에서 흥분되는 점은 무엇이었는가? 모험이었나? 이 동물들을 보러 다시 가게 된 계기는 무엇인가?

- 자연사는 엄청나게 흥미롭고 풍요롭다고 생각한다. 그렇지만 시간이 소모되고 있고, 세상이 변하고 있으며, 가능하다면 이 매력적인 동물과 생태계 모두를 탐구할 필요가 있다고 느낀다. 물론 자유와 모험심도 느낄 수 있다.

ㅇ 구달과 일하기 위해 처음 갔을 때 그녀가 어떤 종류의 일을 맡겼는지?

- 그녀는 한 해 동안 네 쌍의 침팬지 형제자매를 따라다닐 기회를 주었다. 내 스스로의 생각과 침팬지에 대한 관심을 발전시킬 수 있었던 멋진 시간이었다. 어찌 보면 쑥스럽지만, 그 이후의 모든 경력은 당시에 만들어진 생각에서 비롯되었다. 그 생각은 생태적 압력이 침팬지 사회에 영향을 미친 방법을 알아보자는 것이었다. 침팬지에게는 이 점이 아주 분명한데, 왜냐하면 계절이 달라지면 식량 분포가 달라지고 침팬지는 아주 분명한 방법으로 그에 대응하기 때문이다. 이 점은 생태적 압력과 사회 시스템 간의 관계, 그리고 종들 간에 그 관계가 어떻게 달라지는가라는 더 큰 질문에 대한 단서이다.

ㅇ 침팬지의 사회적 행동을 정말로 이해한 최초의 사람 중 한 명이라는 것은 흥분되는 일일 것 같다.

- 그렇다. 정말 대단하다! 모든 종은 각자의 특이성이 있기 때문에 모든 동물이 다 흥미롭지만 침팬지는 특히 인상적이다. 침팬지가 인상적인 실제 이유는 나중에 우리 인간이 침팬지와 얼마나 가까운지를 말해주는 유전자 데이터가 알려지고 나서 더 분명해졌다. 1970년대에 침팬지가 인간과 놀라울 정도로 유사하다는 점을 발견했을 때 제인이 알아낸 사실은 침팬지가 육류 먹기를 정말로 좋아하고, 도구를 사용하며, 도구를 만들고, 어미와 새끼 간에 여러 모로 인간을 떠올리게 하는 유대 관계가 있다는 점이었다. 이

모든 사항들은 광범위한 습성들이 문화적으로 전파된 것이다. 이는 인간 행동이 우리가 예전에 인정했던 것보다 더 생물학적이라는 대체적인 느낌을 준다.

ㅇ 요리가 현생인류의 진화에 박차를 가했다는 이론은 벽난로 앞에 앉아 있을 때 떠올랐나?

- 그렇다. 한 10년 전 학기를 시작한 직후에, 무엇이 인간의 진화를 자극했는지를 생각하고 있었다. 불을 보니 그것으로 침팬지와 인간을 비교해보고 싶어졌는데, 왜냐하면 내가 침팬지라는 대상을 통해 인간의 진화를 생각하는 성향이 있기 때문이다. 침팬지와 같은 우리 선조가 인간으로 바뀌기 위해 무엇이 필요했을까? 그리고 우리가 불을 얼마나 오래 사용했는지를 생각하자, 요리가 엄청나게 큰 차이를 만들었음을 깨달았다. 아주 간단한 생각이고, 인류학 과목을 수강한 사람이라면 누구나 오래 전에 떠올렸어야 하는 일이다.

ㅇ 그러면 요리가 어떤 차이를 만드는가? 침팬지가 먹는 날음식은 어떤 문제가 있는가?

- 나는 침팬지의 식량을 꽤 상세히 알고 있고, 그들이 먹는 것을 본 적이 있는 식량은 대부분 먹어보았으며, 인간은 요리를 해서 먹는다는 점이 침팬지의 식사와 인간 식사의 큰 차이임을 알고 있다. 그리고 인간이 정말로 날

음식으로 생존할 수 있었을지 여부를 생각해보았다. 그러자 바로 떠오른 가정은 그렇지 않다는 것이었는데, 침팬지 음식을 먹어본 경험 때문에 그러했다. 그 경험은 우리가 아마 날음식으로는 생존할 수 없었을 터이고, 따라서 이처럼 흥미로운 진화에 관한 모든 문제들이 제기되었을 것임을 말해주었다. 모든 식품을 날음식으로 먹는 한 일가족을 본 적이 있는데, 그들이 얼마나 불편해하는지 보았고 그래서 인간이 그러한 식사로 생존하기가 얼마나 어려울지를 깨달았다. 사람들은 인간이 사는 지역에서는 사과와 바나나가 아마도 나무에서 떨어졌을 거라고 추정하지만, 그렇지 않았다.

ㅇ 그러면 당시의 식량은 어떠했나?

- 통상의 과일은 아주 불쾌하고, 매우 섬유질인 데다가 꽤 쓰기 때문에 두세 개만 먹으면 더 이상 먹고 싶지 않았을 것이다. 달려가서 물을 큰 컵으로 하나 마시고는 "좋은 경험이 아니네, 병에 걸리고 싶지 않아" 하고 말하지 않았을까. 야생 과일은 먹기 좋지 않다. 거기엔 당분이 전혀 많이 들어 있지 않다. 그래서 내가 먹어본 과일들은 대부분 먹기 불쾌했기 때문에 그중 실제 식용이라고 상상할 수 있는 과일은 매우 적었다. 일부는 먹으면 기분이 나빠진다.

  하지만 우리 혹은 고대 인류가 거기에 익숙했다면 그걸 먹을 수 있었을지도 모른다.

  인간이 편하게 살아서 입천장이 부드러워졌음을 인정한다. 그리고 잡초들

속에서 배가 고프다면 그렇게 맛이 형편없는 수많은 것들을 기꺼이 먹었을 수도 있다. 하지만 나는 콩고 동부의 숲에서 피그미족들과* 지낸 적이 있는데 그때 그곳에서 침팬지들이 꽤 많은 과일을 먹는다는 것을 알았다. 피그미족에게 물어보니 그들은 그 과일들을 먹을 수가 없다고 말했다. 침팬지는 평균적으로 식량의 60퍼센트를 과일로 먹는다. 인간은 그럴 수 없다. 그렇게 해보면서 흥미로웠던 점은 수렵채집인이 무엇을 먹었는지를 정말로 배운 것이었다. 그리고 사람들이 식량의 많은 부분을 생과일로 먹는다는 기록이 없음을 알게 되었다. 모든 곳에서 모든 사람이 매일 저녁에 조리된 음식을 기대한다.

*아프리카 중부 지역에 거주하며 평균 키가 150센티미터 정도의 단신인 전통 부족.

ㅇ 우리 몸이 식량을 소화하도록 준비된 방법은 어떤가? 맛 이외에, 침팬지가 먹는 식량을 사람이 소화할 수 있는가?

- 제대로 잘 알지는 못하므로 추측이지만 아마 소화할 수 있다고 생각한다. 하지만 중요한 점은 과일은 난소화성, 즉 소화가 잘 안 되는 섬유질로 가득하다는 것이다. 평균적인 사람의 식사에서는 섬유질을 더 많이 먹는 수렵채집인이라 할지라도 5~10퍼센트의 난소화성 섬유질을 먹는다. 침팬지를 연구해보니 난소화성 섬유질을 32퍼센트 정도 먹었다. 이는 인간의 몸이 그것을 받아들이도록 만들어지지 않았음을 뜻한다. 그렇게 말할 수 있는 이유는 우리가 칼로리 함유량이 높은 식량에 적합한 작은 창자와 위를 가

지고 있기 때문이다. 침팬지가 먹는 식량은 칼로리 함유량이 낮다.

ㅇ 고고학적 증거를 볼 때, 불이 호모 에렉투스(*Homo erectus*)의 진화에 박차를 가했음을 보여준 단서는 무엇인가?

- 불에 관한 고고학은 역사적으로 혼란스러운 영역인데, 왜냐하면 내 생각으로는 사람들이 실제로 주장 가능한 것보다 더 강력한 주장들을 내놓았기 때문이다. 사람들은 불의 존재가 특정한 시기까지 거슬러 올라간다는 증거를 우리가 꽤 많이 안다고 말하지만, 실은 훨씬 적은 증거만을 안다. 불이 어느 시점에서 시작되었다고 가정해보자. 그렇다면 사람들은 불이 과거 언제부터인가 사용되어왔음을 이해해야만 한다. 하지만 그 분명한 시기는 알 수 없으므로 어떠한 결론을 도출할 수는 없다.

ㅇ 인간이 언제 처음으로 불을 사용했는지 그 시점을 좁힐 수 있는가?

- 어떤 사람들은 4만 년 전에 불이 시작되었다고 하고, 어떤 사람들은 20만 년 전이라고 하고, 어떤 사람들은 30만 년, 어떤 사람들은 40만 년, 어떤 사람들은 50만 년 전이라고 한다. 모두 천차만별이다. 160만 년 전으로 거슬러 올라가는 장소가 몇 군데 있는데, 그곳을 발굴한 사람들은 "와, 여기서 불을 피웠던 증거를 찾았어" 하고 말한다. 그리고 다른 사람들은 "그럴지도 모르지만 확신하기에는 충분하지 않은데" 하고 말한다. 내가 보기에는, 불의 고고학적 증거를 찾는 방법은 그저 고고학으로는 아무것도 알 수 없다

고 말하는 것이다. 고고학적으로는 160만 년 전에 불을 통제했을 가능성이 있다고 말할 수 있을 뿐이다.

○ 당신은 그 불로 요리를 한 것이 현생인류의 진화에 박차를 가했다고 믿는다.

- 내가 질문하는 방식은 다음과 같다. 나는 조리의 출현이 식사의 질에 큰 영향을 미쳤다고 생각하는 편이다. 실제로 나는 인류 역사상 그보다 식사의 질이 더 크게 개선된 적은 없다고 생각한다. 그리고 다시 말하지만 식사의 질 향상이 신체에 영향을 미친다는 생물학적 증거가 있다. 식품이 더 부드러워지고 먹기 쉬워졌으며, 칼로리 함량은 더 높다. 때문에 내장이 더 작아졌고, 식품이 더 많은 에너지를 제공하므로 이는 신체가 사용하는 에너지의 더 많은 증거가 된다. 그러한 일은 단 한 번만 발생했을 수 있다. 즉 160만~180만 년 전 언제쯤인가 호모 에렉투스의 진화가 그것이다.

○ 호모 에렉투스가 그 이전이나 이후 인류의 선조에 비해 이 기준에 들어맞는 점이 정확히 무엇인가?

- 호모 에렉투스는 인간의 진화 중 그 이전의 종, 여기서는 호모 하빌리스(*Homo habilis*)에 비해 치아 크기가 가장 많이 작아졌다. 인류의 진화 과정에서 그 이후로는 치아 크기가 그렇게 많이 작아진 적이 없었다. 내장은 정확히 알 수 없지만, 일반적인 주장은 갈비뼈를 재구성해보면 그 퍼져나간 크기가 줄었다는 것이다. 이때까지는 갈비뼈가 침팬지와 고릴라와 같이 큰

복부를 확실히 담을 수 있도록 뻗어 있었고 호모 에렉투스가 출현한 시점 이후에는 갈비뼈가 납작해졌는데, 이는 이제 배가 더 납작해졌고 따라서 내장이 더 작아졌다는 뜻이다. 그리고 그 후로는 더 많은 에너지를 사용했다. 사람들은 호모 에렉투스의 운동 골격 모양을 보고 매일 움직이는 거리가 훨씬 늘었다고 해석한다. 그리고 뇌는 크기가 커진 부위 중 하나이다.

ㅇ 더 작아진 내장과 더 커진 뇌는 칼로리를 더 많이 섭취한 결과인 셈이다. 그렇다면 우리 선조들이 단순히 칼로리가 더 높은 식량을 찾았을 가능성은 없는가?

- 베네그렌 인류학연구재단 대표인 레슬리 애일로(Leslie Aiello)와 잉글랜드의 리버풀 존 무어스 대학교의 피터 휠러(Peter Wheeler)가 제시한 매력적인 이론으로, 그들은 영장류에서 더 작은 내장 덕분에 뇌가 더 커질 수 있었다고 말한다. 그들은 그 시기에 내장이 더 작아졌다고 주장한 바 있으나 육류 섭취 때문에 그렇게 되었다는 것이다. 나는 그게 아니라 요리 때문이라고 생각하는데, 그건 부분적으로는 요리와 병행해서 신체의 변화가 생겼을 만하다고 예상할 수 있는 다른 시기가 없기 때문이다.

ㅇ 육류를 먹기 시작한 것과 호모 에렉투스의 진화 사이에 100만 년이 지났다 할지라도 육류를 먹는 변화만으로 그러한 진화가 유발되었다고 믿는 사람들도 있는데?

- 그렇다. 한두 명이 내 의견이 맞지 않다는 글을 쓴 적이 있다. 의견에는 다양성이 있으며, 옛날 얘기는 너무 단순하다고 말하는 사람들이 있다는 게 도움이 되는 것 같다.

ㅇ 대부분의 사람들이 육류 이론을 고집하는가? 아니면 더 인기 있는 다른 이론이 있는가?

- 실제로는 놀라울 정도로 이론이 부족하다. 내 말은, 이 문제는 인류의 기원에 대한 이야기이고 나는 근거가 확실한 이론을 받아들일 준비가 되어 있지만, 아주 그럴 듯한 아이디어는 아직 없다는 뜻이다. 내가 놀란 점 중 하나는 날고기를 먹기가 힘들다는 것이었다. 날고기는 매력적이지 않고 특히 아프리카 사바나의 긴장되는 환경에서 살아온 동물, 주로 영양, 하마, 코뿔소에서 잘라낸 질긴 고기가 그렇다. 나는 날고기를 씹으려고 해본 적이 있다. 하지만 고기를 으깰 수 있는지 여부를 깨닫는 데 아마 오래 걸리지는 않을 것이다. 고기를 으깨기 위해서는 고기에서 얻는 에너지보다 더 많은 에너지를 써야 했을 것이다.

ㅇ 조리된 고기가 으깬 고기보다 소화성이 더 좋은가?

- 내가 시도한 방법대로 해석된 적은 없는 문헌에서 몇 가지 연구를 찾았는데, 거기서는 조리를 했을 때 동물 단백질의 소화성이 높아진다는 결론을 보여준다. 그러면 단백질이 변성되므로 단백질 구조가 풀린다. 단백질은

평소에는 내부와 외부의 소수기(hydrophobic group)로* 단단하게 다져져 있다. 변성은 이를 펼치는 과정이다. 그리고 이것이 펼쳐지면 단백질분해효소가 들어가서 분해를 할 수 있다. 열은 예상대로 변성을 초래하므로, 내 생각에 조리의 주된 영향 중 하나는 단백질을 변성시켜서 단백질분해효소가 더 쉽게 들어갈 수 있을 만큼 이를 펼치는 것이라고 생각한다.

*물분자와 친화성이 적고 기름과 친화성이 큰 성분.

○ 어떤 추가 연구가 당신 이론을 뒷받침할 것인가?

- 인간과 호모 에렉투스의 유전자 데이터를 비교해서 언제 특정한 특징이 발현했는지를 알아보면 매우 흥미로울 것이다. 예를 들면 언제 인간이 갈변 현상이 일어난 식품을 꺼리도록 진화했는지 등이다.

5-3 생각하기 위한 식량

윌리엄 레너드

우리 인류는 이상한 영장류이다. 우리는 두 발로 걷고, 엄청나게 큰 뇌를 가졌으며, 세계 모든 곳을 점령했다. 인류학자와 생물학자들은 지금처럼 우리 혈통이 일반적인 영장류와는 완전히 달라진 방법을 파악하기 위해 오랫동안 노력해왔으며, 여러 해 동안 이러한 특이성들을 각각 설명하기 위해 온갖 종류의 가설을 제시해왔다. 점차 많아지는 증거들을 보면 이처럼 많은 인류의 특이성들은 실제로는 공통된 맥락이 있다. 즉 그 특이성들은 대개 식사 품질과 수렵채집 효율을 최대화하도록 작용하는 자연선택의 결과라는 것이다. 시간에 따라 식량 가용성이 바뀌어서 우리 인류의 선조에게 강한 영향을 미친 것으로 보인다. 그러므로 진화론적 관점에서 우리는 무엇을 먹었는지에 매우 많은 영향을 받아온 셈이다.

따라서 우리가 먹는 것이 우리가 영장류 친척들과 달라진 또 다른 방법이다. 현대의 세계 인류는 우리 사촌지간인 유인원이 먹는 것에 비해 칼로리와 영양이 더 풍부한 식품을 먹는다. 그러면 우리 선조의 식습관이 언제 그리고 어떻게 다른 영장류와 달라진 걸까? 또한 현생인류의 경우 조상 전래의 식사 패턴과 비교할 때 얼마나 달라졌을까?

인간의 영양적 요구 사항의 발전에 관한 과학적 관심은 오래된 일이다. 하지만 관련된 조사는 에머리 대학교의 보이드 이튼(S. Boyd Eaton)과 멜빈 코너(Melvin J. Konner)가 《뉴잉글랜드 저널 오브 메디슨(New England Journal of Medicine)》에 〈구석기 시대의 영양(Paleolithic Nutrition)〉이라는 독창적인 논문을 발표한 1985년 이후에 탄력을 받았다. 이들은 현대 사회에 여러 만성 질병이 유행하는 이유가 선사시대에 수렵채집인이었던 인류라는 종이 먹도록 진화된 식사의 종류와 현대의 식사 패턴 사이에 부조화가 생긴 결과라고 주장했다 하지만 그 이후로 상당 부분은 전통적으로 생활하는 인간 및 다른 영장류에 대한 새로운 비교 분석에 힘입어서 인간의 영양 요구에 대한 이해가 매우 발전했고 더 함축성 있는 설명이 제시되었다. 이제 우리는 인간이 단일한 구석기 식사로 연명하지 않고 융통성 있게 먹도록 진화되었음을 안다. 이 점은 지금 사람들이 건강을 위해 무엇을 먹어야 하는지에 관한 오늘날 논쟁에서 중요한 함의를 갖는 식견이다.

인간의 진화에 기여한 식사의 역할을 인식하기 위해서는 식량 탐색, 소비, 궁극적으로 식량이 생물학적 과정에 쓰이는 방법들이 유기체의 생태학에서 모두 중요한 측면이라는 점을 기억해야 한다. 유기체와 그 환경 간의 에너지 역학, 즉 에너지 획득에 상대되는 에너지 소비는 생존과 번식에 중요하고 적절한 영향을 미친다. 다윈적응도(Darwinian fitness)의* 이 두 부분은 우리가 동물에 저장된 에너지를 분배하는 방법에 영향을 미친다. 유지 에너지는 동물이 매일매일 살아가도록 한다. 반면 생산 에너지는 다음 세대를 위해 자식을 생산하고 기르는 일과 관련된다. 포유류에서는 어미의 임신 및

*어떤 생명체가 자연선택에 대해서 얼마나 유리한지 불리한지를 나타내는 척도.

수유기에 발생하는 에너지 비용 증가를 여기에 포함해야 한다.

생물이 거주하는 환경의 종류가 이 요소들 간의 에너지 분배에 영향을 미치며, 조건이 더 가혹하면 유지 에너지의 수요가 더 커진다. 그렇지만 모든 생명체의 목표는 같다. 즉 번식에 충분한 투자를 해서 장기적인 종의 성공을 보장하는 것이다. 따라서 동물들이 식량 에너지를 획득하고 할당하는 방법을 보면 자연선택을 통해서 진화 과정의 변화가 어떻게 생겨나는지를 더 잘 알아볼 수 있다.

직립보행을 하다

인간 이외의 현생 영장류는 땅에 있을 때는 보통 네 발로 움직인다. 따라서 과학자들은 일반적으로 인간 및 우리와 가장 가까운 현생 친척인 침팬지의 마지막 공통 조상도 네 발로 움직였으리라고 추정한다. 마지막 공통 조상이 정확히 언제 살았는지는 알 수 없지만, 직립보행의 분명한 징후는 가장 오래되었다고 알려진 종으로서 400만 년 전쯤 아프리카에 살았던 오스트랄로피테쿠스에게서 분명히 나타난다. 왜 직립보행을 하도록 진화했는지에 관한 생각들은 고인류학적 문헌들에 아주 많다. 켄트 주립대학교의 오언 러브조이(C. Owen Lovejoy)는 1981년에 두 다리로 걷는 능력 덕분에 자식들을 안고 식량을 찾을 수 있게끔 팔이 자유로워졌다는 점을 제시했다. 더 최근에 인디애나대학교의 케빈 헌트(Kevin D. Hunt)는 직립보행이 예전에는 손이 닿지 않았던 식량을 이용할 수 있도록 한 섭식 자세로서 등장했다고 가정했다. 리버풀 존

무어스 대학교의 피터 휠러(Peter Wheeler)는 인간이 서서 걸으면서 아프리카의 뜨거운 태양에 노출되는 면적을 줄여 체온을 더 잘 조절할 수 있게 되었다고 말한다.

이런 식이다. 실제로는 아마도 여러 요인으로 인해 이러한 운동 능력이 선택되었을 것이다. 필자가 아내인 마르시아 로버트슨(Marcia L. Robertson)과 함께 수행한 연구에 따르면, 우리 선조의 직립보행은 부분적으로는 네 발로 기는 것보다 에너지 소모가 더 효율적이기 때문에 발달되었음을 시사한다. 모든 크기의 현생 동물이 이동하는 데 드는 에너지 비용에 관한 분석을 보면, 일반적으로 에너지 비용을 예측하는 가장 큰 변수는 동물의 무게와 이동 속도이다. 인간의 직립 이동에서 눈에 띄는 점은 네 발 운동에 비해서 두 발로 걸을 때가 특히 더 경제적이라는 것이다.

반면 유인원은 땅에서 움직일 때 경제적이지 않다. 한 예로, 너클 보행(knuckle walking)이라는* 독특한 모양으로 네 발로 기는 침팬지는 움직일 때 그와 크기가 같은, 예를 들면 큰 개처럼 전형적인 포유류가 네 발로 움직일 때보다 칼로리를 약 35퍼센트 더 소모한다. 인간과 유인원이 진화한 환경의 차이가 이러한 이동 비용의 편차를 설명하는 데 도움이 될지도 모른다. 침팬지, 고릴라, 오랑우탄은 밀림에서 살도록 진화했고 지금도 그러한데, 밀림에서는 충분한 먹이를 찾기 위해서 하루 종일 불과 1마일(1.6킬로미터) 정도를 여행하는 것으로도 충분하다. 반면 인류 초기 진화의 대부분은 더 탁 트

*주먹을 쥐고 네 발로 기는 유인원의 이동 방식.

인 산림과 초원에서 이루어졌고 그곳에서는 양식을 구하기가 더 힘들다. 실제로 그러한 환경에서 거주하는 현생인류의 수렵채집인은 초기 인간 생활 패턴의 가장 좋은 모델인데, 그들은 식량을 찾아서 하루에 6~8마일(9.7~12.9킬로미터)을 걷는 경우가 많다.

이러한 주간 활동 범위의 차이는 운동 능력과 중요한 관계가 있다. 유인원은 하루에 짧은 거리만 움직이므로 더 효과적인 이동을 통해 얻는 잠재적인 에너지 이점이 매우 작다. 하지만 이동 범위가 넓은 채집자는 보다 경제적인 방식으로 걸으면 유지 에너지 소요에서 많은 칼로리가 절약되고, 그 절약된 칼로리를 번식에 사용할 수 있다. 따라서 에너지 면에서 효율적인 운동 방식을 선택하는 것은 활동 범위가 넓은 동물에게 더 중요한데, 그 이유는 얻는 것이 더 많기 때문이다.

500만 년 전에서 180만 년 전 사이의 플라이오세(Pliocene epoch)에* 살던 인류의 경우에는 기후변화가 이러한 형태학상의 변혁을 촉진했다. 아프리카 대륙이 점점 건조해지고 산림이 초원으로 바뀌면서 식량 자원이 여기저기에 흩어져 존재하게 되었다. 그러한 맥락에서 직립보행은 인간의 영양적 진화에서 첫 번째 전략의 하나로써, 점차 분산된 식량 자원을 수집하는 데에 필요한 칼로리 소모량을 상당히 줄였을 이동 패턴의 하나라고 볼 수 있다.

*지질시대의 한 시기로, 신생대 3기의 마지막 시기이다.

큰 뇌와 배고픈 인류

인간은 진화에서 그다음으로 중요한 사건, 즉 뇌의 극적인 확대가 시작되기 전에는 걷기를 완벽하게 하지 못했다. 화석 기록에 따르면 오스트랄로피테쿠스는 현생 유인원보다 뇌가 결코 더 커지지 않았고 뇌 크기가 400만 년 전에 약 400세제곱센티미터였다가 그 200만 년 후에는 500세제곱센티미터로 약간만 증가했다. 반면 호모속(屬)의 뇌 크기는 약 200만 년 전의 호모 하빌리스(*H. habilis*)에서 600세제곱센티미터였던 것이 그로부터 불과 30만 년 후의 초기 호모 에렉투스(*H. erectus*)에서는 최대 900세제곱센티미터로 크게 부풀었다. 호모 에렉투스의 뇌는 평균 1,350세제곱센티미터인 현생인류의 용적에는 이르지 못했지만 인간이 아닌 현생 영장류의 뇌 용적은 넘어섰다.

영양적 측면에서 우리의 큰 뇌가 놀라운 점은 에너지를 정말 많이 소비한다는 것이다. 근육조직에 비해 단위무게당 에너지 소비가 최대 16배 많다. 인간이 다른 유인원에 비해서 몸무게 대비 뇌의 크기가 훨씬 크지만(유인원의 몸무게 대비 뇌 크기보다 3배 크다.), 인간 신체의 총 휴식 에너지(resting energy) 요구 사항은 같은 크기의 다른 모든 포유류보다 크지 않다. 따라서 우리는 하루의 에너지 소비 중 훨씬 더 많은 비중을 에너지 소비가 왕성한 뇌에 공급한다. 실제로 휴식 중인 뇌의 신진대사는 성인 에너지 소요의 20~25퍼센트라는 엄청난 비중을 차지하는데, 이는 인간 이외의 영장류에서 관찰되는 8~10퍼센트에 비해 훨씬 많으며 다른 포유류에서 뇌에 할당되는 3~5퍼센트에 비해서도 더 많다.

5-3

데이비스, 로버트슨, 그리고 필자는 캘리포니아 대학교의 헨리 맥헨리(Henry M. McHenry)가 편집한 인류의 신체 크기 추산치를 이용해서 고대 선조들의 뇌를 뒷받침하는 데 필요했을 휴식 에너지의 소요 비중을 재구성해보았다. 우리 계산에 따르면 뇌 크기가 450제곱센티미터이고 몸무게가 80~85파운드(36~39킬로그램)인 전형적인 오스트랄로피테쿠스는 휴식 에너지의 약 11퍼센트를 뇌에 썼을 것이다. 호모 에렉투스는 몸무게가 125~130파운드(57~59킬로그램)이고 뇌 크기는 약 900세제곱센티미터인데, 이들은 휴식 에너지의 약 17퍼센트가 뇌에 할당되었을 것이다.

어떻게 그렇게 에너지 소비가 많은 뇌로 발달했을까? 플로리다 주립대학교의 딘 포크(Dean Falk)가 제안한 한 가지 이론은 뇌가 열에 민감한데 인류가 직립보행을 하면서 두개골의 혈액을 식힐 수 있게 되어서 기온 제약으로 인해 뇌의 크기가 억제되던 조건에서 해방되었다는 것이다. 필자는 직립보행과 함께 아마 여러 가지 선택인자가 작용했을 것이라고 추정한다. 하지만 인류가 칼로리와 영양이 아주 풍부한 식사를 해서 뇌의 에너지 소모를 충족할 때까지는 뇌의 확대가 이루어질 수 없었음이 거의 분명하다.

현생 동물들에 대한 비교 연구가 이 주장을 뒷받침한다. 모든 영장류 전체에 걸쳐 더 큰 뇌를 가진 종들은 더 풍성한 식사를 하며, 인간은 그러한 상관관계의 극단적인 예로서 상대적인 뇌 크기가 가장 크고 최상의 식사를 한다. 콜로라도 주립대학교의 로렌 코데인(Loren Cordain)이 최근에 한 분석들에 따르면, 현대의 수렵채집인 후손들은 평균적으로 식사 에너지의 40~60퍼센트를 동물성 식품, 즉 육류, 유제품, 기타 제품에서 얻는다. 반면 현대의 침팬지는 섭취하는 칼로리의 불과 5~7퍼센트만을 이러한 식품에서 얻는다. 동물성 식품은 대부분의 식물성 식품에 비해 칼로리와 영양 함량이 훨씬 높다. 예를 들면, 육류 3.5온스(99그램)는 최대 200킬로칼로리를 제공한다. 하지만 같은 양의 과일은 50~100킬로칼로리만을 제공한다. 그리고 비슷한 양의 풀잎은 불과 10~20킬로칼로리만을 낸다. 따라서 초기 호모의 두뇌가 더 커졌다는 것은 에너지 함량이 높은 식사를 찾아다녔다는 뜻임이 분명하다.

화석을 봐도 식사 품질의 향상이 뇌의 성장 및 진화와 함께 이루어졌음을 암시한다. 모든 오스트랄로피테쿠스는 두개골과 치아가 억세고 질 낮은 식물성 식품을 처리하는 데 유리하다. 나중에는 인간 가계도에서 막다른 가지인 호모속 인간들과 함께 살았던 강한 오스트랄로피테쿠스가 특히 섬유질인 식물성 식품을 갈아서 먹도록 적응했음을 보여주는 특징들이 분명하게 나타났는데, 여기에는 거대한 접시 모양의 얼굴, 튼튼하게 생긴 턱뼈, 두개골 맨 위에 강력한 씹기 근육이 부착되는 가운능선(sagittal crest),* 크고 두꺼운 에나멜질 뒤어금니가 포함된다.(단 이것이 오스트랄로피테쿠스가 육류를 먹지 않았다는 말은 아니다. 그들은 현재의 침팬지와 마찬가지로 가끔 육류를 먹었음이 거의 분명하다.) 반면 약한 오스트랄로피테쿠스의 자손인 호모속의 초기 인간들은 그 선조들에 비해 전체 신체 크기는 훨씬 더 컸지만 얼굴이 훨씬 더 작고, 턱이 더 약하고, 뒤어금니와 가운능선이 더 작았다.

*정수리 부분에서 앞뒤 방향으로 위로 튀어나온 뼈. 씹는 근육이 발달한 영장류에서 나타난다.

이 특징들을 종합하면 초기의 호모가 식물성 원료를 덜 소비하고 동물성 식품을 더 많이 소비했음을 시사한다.

호모가 뇌의 성장을 위해 더 고품질 식사를 필요로 하게 된 최초의 변화를 촉발한 계기가 무엇이었는지에 관해서라면, 환경 변화가 그러한 진화적 변화의 단계를 다시 만들어낸 것으로 보인다. 즉 아프리카 지역이 계속 건조해지면서 인류가 구할 수 있는 식용 식물성 식품의 양과 다양성이 제한되었다. 이러한 어려움 때문에 강한 오스트랄로피테쿠스는 형태상 이 문제에 대처하게 되었고, 해부상의 특수화가 점차적으로 진행되어 씹기 힘들어도 더 널리 구할 수 있는 식품으로 생존할 수 있게 되었다. 호모는 다른 길을 걸었다. 후에 밝혀진 바와 같이, 초원이 넓어지면서 영양이나 가젤과 같은 초식동물이 상대적으로 많아졌고 인류가 이들을 활용할 기회가 생겼다. 호모 에렉투스는 그렇게 했고 최초의 수렵채집 경제를 발전시켰는데, 사냥한 동물이 식사의 큰 부분을 차지하게 되었고 이 자원을 채집 집단 구성원들과 나누었다. 이러한 행동의 혁명은 고고학적 기록에서 나타나는데, 기록을 보면 이 시기에 인류의 거주지에서 발견되는 동물 뼈가 늘어나며, 석기로 짐승을 도살한 증거가 나온다.

이러한 식사 및 수렵채집 습관의 변화로 인해 우리 선조들이 완전한 육식으로 바뀐 것은 아니다. 분명한 건 적당한 양의 동물성 식품이 식단에 추가되고 수렵채집 그룹에서 일반적인 자원 공유가 이루어짐으로써 인류의 식량 품질과 안정성은 크게 향상했다. 식사 품질 향상만으로 인류의 뇌가 커진 이유를 설명할 수는 없지만, 그러한 변화가 가능해지는 데에 중요한 역할은 한 것으로 보인다. 뇌 성장의 첫 박차가 가해진 이후 식사와 뇌 확대는 아마도 서로 상승작용을 했을 것이다. 즉 더 커진 뇌는 더 복잡한 사회적 습관을 낳았고, 그를 통해 수렵채집 방법이 더 바뀌고 식사가 향상되었으며, 이는 다시 뇌의 진화를 더 촉진했다.

이동식 식사

180만 년 전에 아프리카에서 호모 에렉투스가 진화한 것이 인간의 진화에서 세 번째 전환점이었는데, 이때 인류가 아프리카 밖으로 처음 이동하였다. 최근까지 알려진 화석 발견 지점의 위치와 시대를 보면 초기 호모가 고향에 몇십 만 년 동안 머문 후 모험을 시작하여 유라시아의 나머지 지역으로 천천히 확산되었음을 알 수 있다. 기존 연구는 약 140만 년 전의 도구 기술 발전, 즉 아슐리안 주먹도끼(Acheulean hand ax)가* 출현한 덕분에 인류가 아프리카를 떠날 수 있었음을 암시했다. 하지만 새로운 발견들은 호모 에렉투스가 말하자면 의욕적인 출발을 했음을 보여준다. 러트거스 대학교의 지질연대학자 카를 스위셔 3세(Carl Swisher III)와 그 동료들은 인도네시아와 조지아 공화국에 있는 아프리카 외부의 가장 초기 호모 에렉투스 거주지의 연대가 180만 년에서 170만 년 전임을 밝혔다. 즉 호모 에렉투스의 첫 출현과 아프리카 밖으로의 확산이 거의 동시에 이루어진 것으로 보인다.

*아슐리안 문화는 전기 구석기 시대에 가장 대표적인 석기 문화로서, 주먹도끼가 가장 대표적인 유물이다.

새롭게 발견된 이러한 여행 충동 이면의 자극제는 역시 식량으로 보인다. 동물은 무엇을 먹는지에 따라서 그 동물이 생존을 위해 필요한 영역이 얼마나 넓은지가 크게 좌우된다. 육식동물은 비슷한 크기의 초식동물에 비해 대개 훨씬 넓은 행동권이 필요한데, 이는 육식동물의 경우 단위면적당 구할 수 있는 총 칼로리가 더 적기 때문이다.

몸이 크고 점차 동물성 식품에 더 많이 의존한 호모 에렉투스는 더 작고 채식을 더 많이 하는 오스트랄로피테쿠스보다 더 많은 영역이 필요했음이 거의 분명하다. 로버트슨, 러트거스 대학교의 수잔 안톤(Susan C. Antón), 그리고 필자는 현대의 영장류와 수렵채집 인간의 데이터를 참고해서 호모 에렉투스의 더 큰 신체가 다소간의 육류 소비 증가와 결합되어 후기 오스트랄로피테쿠스에 비해 행동권이 8배에서 10배가량 더 필요했으리라고 추산했다. 이는 실제로 호모가 아프리카 밖으로 갑자기 확산되기에 충분한 수치이다. 호모 에렉투스가 아프리카 대륙에서 정확히 얼마나 멀리 이동했을지는 여전히 불확실하지만, 이동하는 동물 무리가 이처럼 먼 거리를 움직이는 데 도움이 되었을 것이다.

인간은 더 높은 위도 지역으로 이동하면서 새로운 식량난에 직면했다. 유럽에서 마지막 빙하기 동안 거주한 네안데르탈인(Neandertals)은 첫 인간 중 하나였는데, 그러한 조건에서 견디기 위해 충분한 칼로리가 필요했음이 거의 분명하다. 그들의 에너지 요구 사항에 관한 단서를 현재 북쪽 환경에서 살고 있는 전통 부족들의 데이터에서 얻을 수 있을지도 모른다. 필자와 온타리오 주 퀸스 대학교의 피터 캐츠마르직(Peter Katzmarzyk), 토론토 대학교의 빅토리아 갤러웨이(Victoria A. Galloway)가 연구한 바 있는 시베리아에서 순록 목축을 하는 에벤키 부족, 그리고 캐나다 북극지방의 이누이트, 즉 에스키모 부족은 온대 지역에서 사는 비슷한 체격의 사람들에 비해 휴식대사량(resting metabolic rates)이* 약 15퍼센트 높다. 북쪽 기후에서 생활하면 에너지 소모가 큰 활동이 많아서 생존을 위한 칼로리 소비가 더 늘어난다. 실제로 몸무게가 160파운드(73킬로그램)이고 일반적인 도시 생활을 하는 미국 남성은 하루에 약 2,600킬로칼로리가 필요한 반면, 체중 125파운드(57킬로그램)로 몸집이 작은 에벤키 남성은 생명 유지를 위해서 하루에 3,000킬로칼로리 이상이 필요하다. 노스웨스트 대학교의 마크 소렌센(Mark Sorensen)과 필자는 이 현대의 북부 부족을 기준으로 삼아서, 네안데르탈인이 생존하기 위해서 하루에 최대 4,000킬로칼로리가 필요했음이 거의 분명하다고 추산했다. 그들은 수렵채집인으로서의 기술을 전달할 수 있는 한은 이 에너지 소요를 충족할 수 있었다.

*의자에 앉아 휴식하는 상태에서의 대사량으로, 보통 기초대사량의 1.2배가량이다.

현대의 곤경

식사 품질을 향상해야 한다는 압력이 초기 인간의 진화에 영향을 미친 것과 마찬가지로, 이 압력은 더 최근의 인구 증가에도 중요한 역할을 했다. 조리, 농업, 심지어 현대식 식품 기술의 측면도 모두 인간의 식사 품질을 향상하기 위한 방법이라고 간주할 수 있다. 한 예로, 조리는 식용 야생식물에 있는 에너지를 증가시켰다. 농업이 출현하면서 인간은 그저 그런 식물 품종을 다뤄서 생산성, 소화성, 영양 함량을 높이기 시작했고, 이를 통해 기본적으로 식물성 식품이 동물성 식품의 영양을 따라잡았다. 이러한 식으로 식품을 다루는 일은 현대에도 '더 나은' 과일 채소 및 곡물을 만들기 위해 작물의 품종을 유전적으로 변형하면서 이어지고 있다. 그와 마찬가지로, 액체 영양 보충제와 식사 대용 바(bar)도 우리의 고대 선조들이 시작한 추세, 즉 즉 가급적 부피가 작은 식품과 가급적 적은 신체적 노력으로 가급적 많은 영양분을 섭취한다는 개념의 연장선상에 있다.

전반적으로 이 방법은 분명히 효과적이었다. 즉 인간은 현재 생존해 있고 그것도 아주 기록적인 수로 급증했다. 하지만 에너지와 영양이 풍부한 식품이 인간의 진화에 미친 영향의 중요성에 관해서 아마도 가장 강력한 증거는 전 세계 사회들에서 우리 선조가 확립한 에너지 역학과 차이가 생겨 아주 많은 건강 우려에 직면했다는 관측에 있을 것이다. 개발도상국의 시골 지역 어린이들은 낮은 품질의 식사를 하는 탓에 신체 성장이 나쁘고 유년기 사망률이 높다. 이러한 경우에는 아동이 젖을 떼는 시기와 그 이후에 제공되는 식품에 담긴 에너지와 영양 함량이, 신체가 빠르게 발육하고 발달하는 시기에 필요한 높은 영양 소요를 충족하기에 충분치 않은 경우가 많다. 이러한 아동들은 태어날 때는 보통 미국 아동과 키와 몸무게가 비슷하지만 세 살이 되면 더 작고 가벼워지며 많은 경우에는 같은 나이와 성별의 미국 아동 가운데 가장 작은

2~3퍼센트 정도에 불과해진다.

산업화 세계는 높은 건강 비용에 직면해 있다. 최근의 추산에 따르면 미국 성인 절반 이상이 과체중이거나 비만이다. 한 세대도 안 되는 과거에는 비만이란 것을 사실상 볼 수 없던 개발도상국에서조차 비만이 부분적으로 나타났다. 이러한 표면적인 역설은 영양이 부족한 시골 지역에서 자란 사람들이 식품을 구하기 더 쉬운 도시 환경으로 이주하면서 생겼다. 어떤 의미에서 비만과 기타 현대 사회의 흔한 질병들은 수백만 년 전에 시작된 경향의 연장선상에 있다. 즉 우리는 인류의 진화론적 성공의 희생자이며, 칼로리가 가득한 식품을 개발하면서 신체 활동에 쓰이는 유지 에너지의 양은 최소화하고 있다.

전통적으로 생활하는 부족을 보면 이러한 불균형이 명확해진다. 필자가 캔자스 대학교의 마이클 크로퍼드(Michael Crawford) 및 노보시비르스크에 있는 러시아 과학아카데미의 류드밀라 오시포바(Ludmila Osipova)와 수행한 에벤키 부족의 순록 목동에 관한 연구를 보면, 에벤키는 일간 칼로리의 거의 절반을 육류로 섭취하며 평균적인 미국인이 섭취하는 양의 2.5배를 넘는다. 하지만 에벤키 남성을 미국 남성과 비교하면 에벤키 남성은 20퍼센트 더 말랐고 콜레스테롤 수치가 30퍼센트가량 더 낮다.

이러한 차이에는 부분적으로 식사의 구성이 반영되어 있다. 에벤키의 식사에는 육류가 많지만 지방이 상대적으로 적은데, 그들은 식사 에너지 중 약 20퍼센트를 지방에서 얻는 반면 평균적인 미국인의 식사는 그 비율이 35퍼센트를 차지한다. 이는 순록처럼 방목하는 동물이 소나 그 밖의 사육하는 가축에 비해 체지방이 적기 때문이다. 방목 동물은 지방의 구성도 다른데, 포화지방이 적고 심장 질환을 막는 고도불포화지방산이* 더 많다. 하지만 더 중요한 점으로서, 에벤키 부족의 생활 방식은 훨씬 더 높은 에너지 소모를 요구한다.

*탄소 원자의 일부가 이중으로 결합되어 불포화도가 높은 지방산의 총칭. 콜레스테롤을 줄이는 기능이 있다.

따라서 우리에게 만연한 건강 문제를 만든 원인은 단지 식사의 변화만이 아니고 식사의 변화와 생활 방식의 변화가 상호작용을 한 결과이다. 너무 많은 경우, 현대의 건강 문제가 인간이 자연식이 아닌 '나쁜' 식품을 먹기 때문이라고 설명한다. 이는 고단백 고지방을 섭취하는 앳킨스(Atkins) 다이어트 또는 복합탄수화물을 강조하는 저지방 다이어트의 우열을 따지는 현재의 논쟁에 지나치게 단순한 관점을 제공한다. 이러한 논쟁은 인간의 영양 소요에 근본적으로 잘못 접근하고 있다. 인간은 한 종류로 최선의 식사만을 하면서 살아가게끔 만들어지지 않았기 때문이다. 인간의 놀라운 점은 먹는 것이 대단히 다양하다는 데 있다. 우리는 지구의 거의 모든 생태계에서 번창할 수 있고, 북극 주민들이 먹는 식량의 거의 전부인 동물성 식품부터 안데스 고원의 주민이 주로 먹는 구근류와 곡물 식품에 이르기까지 다양한 식량을 소비한다. 실제로 인간 진화의 특징은 독특한 신진대사 요구 사항을 충족하는 식품을 만들기 위해 점점 더 다양한 방법을 개발하고, 환경에서 에너지와 영양을 추출하는 효율성을 점차 높인 점이었다. 현재 우리가 직면한 현대 사회의 문제는 섭취하는 칼로리와 소비하는 칼로리의 균형 문제이다.

5-4 저탄소 식사

크리스틴 소아리스

볶음 하나로 첫 걸음을 떼서 지구를 구할 수 있을까? 《비가열 요리 : 지구온난화의 감소(Cool Cuisine : Taking the Bite Out of Global Warming)》라는 책을 처음 보았을 때는 분명히 미심쩍었다. 그렇지만 숲에 마련한 식탁과 농장에서 바로 구한 달걀 한 바구니를 담은 이 책의 멋진 표지 사진은 확실히 시선을 끈다. 책을 한 장 한 장 넘기면서, 대기 중의 탄소 순환에서부터 농업에서의 벌의 역할 및 성공적인 퇴비화를 위한 단계별 지침에 이르는 모든 내용을 설명하는 깨끗하고 다채로운 그래픽과 가득한 주석에 꽤 놀랐다. 각 장은 맛깔 나는 요리법으로 마무리되었고 방대한 미주에는 참고문헌이 상세히 나열되었다.

이 책은 요리책일까 기후변화 안내서일까? 아니면 둘 다일까? 흥미를 느낀 필자는 이 책을 읽어보기 시작했다.

건강한 지구를 위한 식품

샌프란시스코 베이 에어리어 지역에서 일하는 요리사이며 책의 주저자인 라우라 스텍(Laura Stec)은 자신이 '지구온난화 식사법'이라고 부르는 것, 즉 엄청난 양의 화석연료를 소비하고 수 톤의 폐기물을 토해내는 산업화 농장에서 대량생산된 식품에 의존하는 방식에 대해 설명하면서 글을 시작한다. 전문 요리사인 그녀는 결과적으로 '기계 요리(machine cuisine)'가 만들어진다는 사실 뿐만 아니라 환경이 질적으로 저하된다는 것에도 깜짝 놀랐다고 한다. 그녀는 기계 요리가 신선도와 풍미가 떨어질 뿐 아니라 작물을 생산하는 태양 및 토양과의 연결이 거의 없는 식품이라고 말한다. 그녀는 그러한 식품은 '느낌'이 없다고 쓴다. 그리고 그녀는 그에 관해 무언가를 하기로 결심한다.

그 후 미국의 식량 생산 기업들에 관해 배울 수 있는 모든 것을 배우기 시작하는 스텍 자신의 이야기가 이어진다. 그녀는 기계 요리의 기원과 무엇이 좋은 식품을 좋게 만드는지를 이해하기 위해 탐구를 하는 동안 수십 명의 과학자와 농민 집단과 맞닥뜨린 일을 생생한 문체로 설명한다. 그 여정에서 스텍은 공동저자인 유진 코르데로(Eugene Cordero)를 만났다. 그는 산호세 주립대학교의 기후 연구자로서 2006년에 유엔(UN)의 세계 오존 평가를 공동 저술했고 당시 정부간 기후변화위원회(이하 IPCC)의 차기 보고서를 위한 모델링 프로젝트를 진행하고 있었다. 코르데로는 이 책의 전반적 과학 자문 역할을 했고 대부분의 주석을 썼다.

필자가 이 책의 저자들과 대화를 했을 때 코르데로는 동료 기후학자들이 세계의 식량 생산이 온실가스 배출 원인의 최대 35퍼센트를 차지할 수도 있음을 잘 알고 있었기 때문에 스텍과 협력했다고 설명했다. 하지만 지구온난화에 미치는 식품의 역할이라는 문제를 두고 대중이 그 해법에 관해 논의하는 단계로 진전되지는 않았다. 2008년에서야 IPCC 의장 라젠드라 파차우리(Rajendra Pachauri)가 지구를 위해 인류가 육류 소비를 줄여야 한다고 말하기 시작했으며, 코르데로는 "그는 그렇게 말할 권한이 있는 최초의 유력한 기후학자이므로 이 점은 기후학계에서조차도 여전히 새로운 개념이라고 생각한다"라고 설명한다.

이 책이 전하는 메시지의 다른 측면들은 물론 그렇게 새롭지는 않다. 현대 식품 산업의 역기능은 저널리스트 마이클 폴란(Michael Pollan) 등이 기록해왔다. 그리고 로컬푸드와 제철 식품의 미덕은 앨리스 워터스(Alice Waters)와 같은 요리사 겸 작가들이 많이 다룬 영역이다. 하지만 스텍과 코르데로가 자신들의 관점을 식품과 결합한 방법은 완전히 새롭고 매우 효과적이다. 그들은 질소 비료 유출과 같이 엄청나게 큰 규모의 문제와 우리가 매일 저녁 식탁에 어떤 요리를 올리는지에 관한 개인의 선택들 사이에 인과관계를 도출한다.

예를 들면 "왜 내 흙에 석유가?(Why All the Oil in My Soil?)"라는 제목의 한 장에서는 건강한 토양에 어떻게 미생물과 영양이 가득한지를 설명하면서 석유 기반 비료의 치명적인 영향, 부식, 산림 파괴를 상세하게 설명하고 지렁이나 응달에서 기른 커피와 초콜릿의 가치를 홍보한다. 또한 스텍은 콩류가 어떻게 토양의 미생물과 작용해서 질소를 토양에 고착시키고 비료의 필요성을 줄이는지를 설명한다. 그리고 필자가 할라페뇨 럼 빈(jalapeño rum bean)과 다크초콜릿 칠리(dark chocolate chili)가 포함된 요리법 부분을 끝까지 읽었을 때는 맛있어 보였을 뿐만 아니라 그 취지가 이해되었다. "이 요리법은 당연히 우리가 이렇게 먹어야 하는 방법이지"라는 생각이 들었고, 찜 기계를 사기로 마음먹었다.

대중의 수요 증가

다행히도 스텍은 독자들이 콩을 물에 불리거나 허브 정원을 관리하는 데 온종일을 쏟으리라고 기대하지는 않는 듯 보인다. 그녀는 사람들에게 식품을 먹기 좋게 만드는 형태로 이용하는 법을 가르치기를 원한다. 요리법 이외에도 스텍은 채소의 향내를 이끌어내고 만능 소스를 만들고 심지어 치즈 접시를 구성하는 기술과 요령을 알려준다. 이 마지막 짧은 이야기에서는 스텍의 다른 직업이 출장 요리사이자 요리 강사라는 점이 살짝 엿보인다.

그녀는 '녹색' 경영을 하는 회사들을 돕는 전문 조언자이기도 하며, 지속가능한 식품 실무를 채택하기 위한 공동의 노력에 대한 사례 연구가 이 책의 뚜렷한 특징이다. 스텍은 캘리포니아 기반의 의료 보건 서비스 기업인 카이저 퍼머넌트(Kaiser Permanente) 내부의 병원 급식 문제를 맡은 의사인 프레스턴 마링(Preston Maring)의 이야기도 다룬다. 마링은 병원 영양사들이 한겨울에 포도나 아스파라거스와 같은 식품이 포함된 메뉴를 구성해서 멀리 남아프리카에서 식품을 구해오는 상황이 초래되고 있음을 지적했다. 마링이 시스템 차원의 연구를 시작한 이후 카이저 퍼머넌트는 연간 250톤의 신선한 과일과 채소를 사용해서 19개 병원에 매일 6,000인분의 환자식을 만들기로 결정했다. 그 전까지는 식품의 대부분을 10만 에이커(405제곱킬로미터) 또는 그 이상의 면적에 해당하는 지속 불가능한 방식의 기업형 농장에서 조달했고, 거의 절반을 캘리포니아 외부에서 가져왔다. 카이저 퍼머넌트는 제철 메뉴를 더 잘 개발하고 지역에서 더 많은 농산물을 조달하면 회사의 탄소발자

*특정한 주체가 이산화탄소를 발생시키는 양.

국(carbon footprint)을* 17퍼센트 이상 줄일 수 있고 어떤 경우에는 다소의 돈도 절약할 수 있음을 발견했다.

스텍은 약간의 수송 문제를 계속 설명하면서 카이저 퍼머넌트 내의 순조로운 이행을 계획하고 있고, 이러한 종류의 변화가 최소한 어느 정도는 사업적으로 타당해야 한다는 자신의 생각을 실증하고 있다. 그녀는 최근 로우스 호텔(Loews Hotel) 체인에게 이벤트 서비스를 친환경적으로 제공하는 방법을 상담해주었는데, 그 회사의 동기는 시장의 수요라고 필자에게 말했다. 만일 어떤 그룹이 친환경 실천을 주장하는 총회를 호텔에서 개최할 계획이라면, 그 사업을 유치하기를 희망하는 호텔은 그 그룹에게 환경적으로 지속 가능한 방법으로 서비스를 제공하는 편이 더 좋을 것이다.

주방에서부터 바꾸자

그녀에게 대형 기관을 돕는 실무 경험이 있기에, 그러한 시장의 힘이 계속 강해지고 녹색 식사의 원칙이 확대된다면 아마도 미국의 식량 생산 형태가 실제로 영원히 바뀔지도 모른다는 스텍의 생각은 분명히 믿을 만하다.

그러한 측면에서 내 주방에서부터 의미 있는 변화를 시작할 수 있다는 생각이 그다지 터무니없어 보이지 않기 시작했다. 이 책의 볶음 요리법은 각 재료별 이산화탄소 배출량을 분류한 한 쪽짜리 표 뒤에 나온다. 그림은 채소 1파운드(454그램)를 함유한 기본 요리법 및 또 다른 1파운드의 채소 및 닭고기나 소고기가 추가된 응용 요리법들을 보여준다. 그 결과는 극명하다. 채식 요리법은 총 3,013그램의 이산화탄소에 해당하며, 닭고기 추가 요리법은 5,520그램, 소고기 경우는 15,692그램에 해당한다. 이 점이 말하는 바가 분명해 보이지 않을 경우에 대비해서, 해당 쪽의 아래에서는 채식 요리와 소고기 요리 간의 이산화탄소 차이가 보통의 자동차가 35마일(56킬로미터)을 달리면서 배출되는 정도의 양이라고 설명하고 있다. 아마도 이 책이 그 점을 처음 지적한 책은 아닐 테지만, 필자가 본 책 중에서는 문자 그대로 이 문제에 대해서 무엇을 해야 할지를 알려주는 실천 방법을 함께 담은 최초의 책이다. 매우 알기 쉬운 형태로 제시된 엄청난 양의 정보에 더해서, 스텍과 코르데로는 개인의 선택이 차이를 만들 수 있다는 희망을 전한다. 그 첫 걸음으로서 볶음 하나부터 바꾸면 지구온난화 식사를 더 지속 가능하고 건강하며 맛 좋은 식사로 바꾸는 게 가능할 것이다.

출처

1 Food Crisis : Global Shortage or Sustainable Solutions

1-1 Jonathan A. Foley, "The Grand Challenge : Can We Feed the World and Sustain the Planet?", Scientific American, 305(5), 60-65. (November 2011)

1-2 Katherine Harmon, "Fighting Food Insecurity in a Changing Climate", Scientific American online, March 28, 2012.

1-3 David Biello, "The Perils of Biofuels", Scientific American online, February 7, 2008.

1-4 David Wogan, "Waste in the Land of 'Man vs Food'", Scientific American online, August 2, 2011.

1-5 The Editors, "Food Shortage Aid Should Start with Lessons in Agriculture", Scientific American online, July 29, 2008.

1-6 Michael E. Webber, "More Food, Less Energy", Scientific American, 306(1), 74-79. (January 2012)

1-7 Sarah Simpson, "The Blue Food Revolution", Scientific American, 304(2), 54-61. (February 2011)

1-8 Dickson Despommier, "The Rise of Vertical Farms", Scientific American, 301(5), 80-87. (November 2009)

2 GM Crops to the Rescue?

2-1 Sasha Nemecek, "The Pros and Cons of GM Foods", Scientific

American, 295(6), 36-39. (December 2006)

2-2 Brendan Borrell, "A Case for Genetically Modified Crops", Scientific American, 304(4), 80-83. (April 2011)

2-3 David Biello, "GM Crop on the Loose and Evolving in U.S. Midwest", Scientific American online, August 6, 2010.

2-4 Natasha Gilbert, "Three Myths about Genetically Modified Crops", Nature online, May 1, 2013.

2-5 The Editors, "Do Seed Companies Control GM Crop Research?", Scientific American, 301(2), 28. (August 2009)

2-6 Daniel Cressey, "Transgenics: A New Breed", Nature online, May 1, 2013.

3 Smarter Processed Food

3-1 David Wogan, "Junk Food: A Global Health Epidemic", Scientific American online, March 4, 2013.

3-2 Krystal D'Costa, "Our Obsession with Fast Food", Scientific American online, July 26, 2011.

3-3 Katherine Harmon, "Your Brain on Sugar: Fructose vs. Glucose", Scientific American online, January 1, 2013.

3-4 Scicurious, "The Link Between High Fructose Corn Syrup and Obesity", Scientific American online, August 23, 2011.

3-5 Oliver Grimm, "Addicted to Food?", Scientific American Mind, 18(2), 36-39. (April/May 2007)

4 Eating Made Safe

4-1 Mark Fischetti, "Is Your Food Contaminated?", Scientific American Online, December 20, 2006.

4-2 Maryn McKenna, with interview by Steve Mirsky, "Food Poisoning's Hidden Legacy", Scientific American, 306(4), 26-27. (April 2012)

4-3 Erin Brodwin, "Produce Industry's Safety Push Takes Toll on the Environment", Scientific American online, May 10, 2013.

5 Evolution of the Modern Diet

5-1 Ferris Jabr, "Are Modern Methods of Preserving and Cooking Meat Healthy?", Scientific American online, November 27, 2012.

5-2 Rachael Moeller Gorman, "Evolving Bigger Brains through Cooking : A Q&A with Richard Wrangham", Scientific American online, December 19, 2007.

5-3 William R. Leonard, "Food for Thought", Scientific American, 288(5), 62-71. (May 2003)

5-4 Christine Soares, "The Low-Carbon Diet", Scientific American, 300(3), 74-76. (March 2009).

저자 소개

너태샤 길버트 Natasha Gilbert, 과학 전문 기자

대니얼 크레시 Daniel Cressey, 《사이언티픽 아메리칸》 기자

데이비드 비엘로 David Biello, 《사이언티픽 아메리칸》 기자

데이비드 워건 David Wogan, 《사이언티픽 아메리칸》 기자

딕슨 데포미에 Dickson Despommier, 컬럼비아 대학교 명예교수

레이철 묄러 고먼 Rachael Moeller Gorman, 건강 전문 기자

메린 맥케나 Maryn McKenna, 건강 과학 전문 기자

마이클 웨버 Michael E. Webber, 텍사스 대학교 교수

마크 피셰티 Mark Fischetti, 《사이언티픽 아메리칸》 기자

브렌던 보렐 Brendan Borrell, 《사이언티픽 아메리칸》 기자

세라 심프슨 Sarah Simpson, 《사이언티픽 아메리칸》 기자

사샤 네메체크 Sasha Nemecek, 《사이언티픽 아메리칸》 기자

스티브 머스키 Steve Mirsky, 《사이언티픽 아메리칸》 기자

에린 브로드윈 Erin Brodwin, 과학 전문 저술가

올리버 그림 Oliver Grimm, 정신과 전문의

윌리엄 레너드 William R. Leonard, 《사이언티픽 아메리칸》 기자

조너선 폴리 Jonathan A. Foley, 캘리포니아 과학 아카데미 대표

지닌 스완슨 Jeanene Swanson, 《사이언티픽 아메리칸》 기자

캐서린 하몬 Katherine Harmon, 과학 전문 기자

크리스털 드코스타 Krystal D'Costa, 《사이언티픽 아메리칸》 기자

크리스틴 소아리스 Christine Soares, 《사이언티픽 아메리칸》 기자

페리스 자브르 Ferris Jabr, 과학 전문 기자

옮긴이_김진용

단국대학교 식품공학과를 졸업하고 〈월간 항공〉 번역 기자로 재직 중이다. 이외에도 게임 잡지, 군사 및 항공 관련 번역 프로젝트에 다수 참여했다. 옮긴 책으로는 《롬멜 평전》(근간)이 있다.

한림SA 11

배고프지 않은 세상

식량의 미래

2017년 5월 12일 1판 1쇄

엮은이 사이언티픽 아메리칸 편집부
옮긴이 김진용

펴낸이 임상백
기획 류형식
편집 이유나
독자감동 이호철, 김보경, 김수진, 한솔미
경영지원 남재연

ISBN 978-89-7094-878-2 (03570)
ISBN 978-89-7094-894-2 (세트)

* 값은 뒤표지에 있습니다.
* 잘못 만든 책은 구입하신 곳에서 바꾸어 드립니다.

펴낸곳 한림출판사
주소 (03190) 서울시 종로구 종로 12길 15
등록 1963년 1월 18일 제 300-1963-1호
전화 02-735-7551~4
전송 02-730-5149
전자우편 info@hollym.co.kr
홈페이지 www.hollym.co.kr
페이스북 www.facebook.com/hollymbook

표지 제목은 아모레퍼시픽의 아리따글꼴을 사용하여 디자인되었습니다.